华章图书

一本打开的书，一扇开启的门，

通向科学殿堂的阶梯，托起一流人才的基石。

5G EDGE COMPUTING

LF EDGE ECOSYSTEM AND EDGEGALLERY TECHNICAL ESSENTIALS

5G时代边缘计算

LF Edge生态与EdgeGallery技术详解

任旭东 等著

图书在版编目（CIP）数据

5G 时代边缘计算：LF Edge 生态与 EdgeGallery 技术详解 / 任旭东等著 . —北京：机械工业出版社，2020.12

ISBN 978-7-111-67116-9

I. 5… II. 任… III. 无线电通信 - 移动通信 - 计算 IV. TN929.5

中国版本图书馆 CIP 数据核字（2020）第 252878 号

5G 时代边缘计算
LF Edge 生态与 EdgeGallery 技术详解

出版发行：机械工业出版社（北京市西城区百万庄大街 22 号 邮政编码：100037）

责任编辑：孙海亮　　责任校对：李秋荣

印　刷：北京文昌阁彩色印刷有限责任公司　　版　次：2021 年 1 月第 1 版第 1 次印刷

开　本：186mm × 240mm 1/16　　印　张：15.5

书　号：ISBN 978-7-111-67116-9　　定　价：79.00 元

客服电话：（010）88361066 88379833 68326294　　投稿热线：（010）88379604

华章网站：www.hzbook.com　　读者信箱：hzit@hzbook.com

About the Authors 其他作者简介

曾建国：2001年加入华为，长期从事传输网管的软件研发与国际电信标准开发工作。2016年起负责自动驾驶网络领域标准与开源技术规划，在OPEN-O、ONAP社区负责华为开源团队的技术架构。

贺华锋：华为网络自动化、SDN、云原生网络和边缘计算领域开源产业发展规划总监，LF Networking社区Strategy工作组华为代表，长期从事电信网络管理，以及OSS系统开发、架构设计、产品管理及规划、产业发展等工作。

王　彬：华为网络自动化、边缘计算、电信云领域开源产业发展高级规划经理。14年电信行业开发和规划经验，先后负责OSS网管开发、OSS网管规划、SDN/NFV集成服务规划、开源产业规划等工作，当前负责EdgeGallery社区规划，同时是LF Edge社区SPC华为代表。

于　洋：上海交通大学EE博士，华为边缘计算生态技术专家。6年开源社区参与经验，EdgeGallery TSC主席、Eclipse Edge工作组TSC委员、LF OPNFV社区Bottlenecks项目PTL（团队主管）、LF Akraino多项目维护人员，曾任LF OPNFV TSC委员、测试工作组主席。热爱开源技术和开源文化。

周　俊：华为公司网络开源项目群开发总监，本科毕业于兰州大学，北京理工大学软件硕士。超过15年网络运维平台开发维护经验，曾负责华为U2000 IP版本开发，成功交付过多个国内外重大项目。

陈道清：华为云化网络OSDT高级营销经理，EdgeGallery社区运营经理，EdgeGallery社区秘书处成员，同时也是LF Edge社区Outreach华为代表。2010年加入华为，5年芯片开发验证经验，5年开源工作经验，对网络自动化、5G MEC开源都有深刻理解。

高维涛：EdgeGallery架构师，10年软件开发经验，5年开源经验，目前负责EdgeGallery架构设计相关工作。LF ONAP社区VNFSDK项目PTL，LFN CNTT Workstream主管。热爱开源技术，喜欢追根溯源分析问题。

孙靖涵：华为云化网络OSDT工程师，开源软件、极客软件爱好者。目前担任EdgeGallery社区项目PTL，主要负责边缘应用开发与集成相关工作。

许　丹：长期从事LFN、LF Edge集成认证工作，OPNFV Dovetail项目PTL，LFN CVC委员会重要成员，OVP认证流程制定与工具开发早期成员之一。

Foreword 序　一

5G 将成为未来社会发展的重大需求，成为构建未来智慧社会的核心基础。对 5G 网络的应用和互联网的应用的一个共同特点是，现在都已进入消费领域与实体经济深度融合的过程。4G 也好，互联网也好，都在消费领域发挥了很好的作用，现在要向实体经济、向生产型互联网转型。原来是尽力而为的网络，现在要提供确定性的服务质量和差异化的服务，以满足各行各业（比如防控系统、远程医疗、机器人、工业制造等诸多领域）的不同需求。

2020 年 3 月，国家提出加快推进重大工程和基础设施建设的要求，新型基础设施建设的概念应运而生。新型基础设施建设是指发力于科技端的基础设施建设，主要包含 5G 基站建设、特高压、城际高速铁路和城际轨道交通、新能源汽车充电桩、大数据中心、人工智能、工业互联网等七大领域，涉及通信、电力、交通、数字等多个社会民生重点行业。同年 5 月，备受关注的“新基建”一词首次写入政府工作报告，新基建必将在国民经济发展中发挥巨大作用。

5G 作为移动通信领域的重大变革点，是当前“新基建”的引领领域，是经济发展的新动能。不管是从未来承接的产业规模，还是从对新兴产业所起的技术作用来看，5G 都是最值得期待的。我国重点发展的各大新兴产业，如工业互联网、车联网、企业上云、人工智能、远程医疗等均需要以 5G 作为产业支撑；而 5G 本身的上下游产业链也非常广泛，甚至直接延伸到了消费领域。

5G能力的释放需要一个支点，而边缘计算是最有可能在5G时代把连接和计算结合起来形成综合能力的支点。因为5G时代数据量会越来越大，这些数据若在终端形成、积累，再传送到云端进行数据处理，之后返回终端指导业务，则将对网络带宽提出数百Gbps的超高要求。若是无法满足要求，不仅会存在延迟问题，还有连接成功率低等诸多问题，终端体验也无法保障。同时，大带宽对回传网络、业务中心造成巨大传输压力，这也会带来巨大的带宽成本。这意味着集中式的数据存储和处理模式将面临难以破解的瓶颈和巨大的压力。此时边缘计算的价值就会凸显，只有在边缘构建连接＋计算的能力，同时跟公有云做好协同，才能够更好地应对未来的挑战。

本书通过浅显易懂的方式科普了边缘计算的场景和价值，并且深入分析了当前产业界与边缘计算相关的开源项目，尤其对Linux基金会下LF Edge开源社区项目进行了详细剖析，同时公布了电信领域的首个边缘计算开源项目EdgeGallery，对其目标架构、关键能力和应用集成案例都进行了深入介绍。本书无论对于运营商、边缘计算厂商、行业应用商，还是对于个人开发者，都是一本不可多得的好书。

——中国工程院院士　刘韵洁

Foreword 序　二

随着经济社会数字化进程的加速，线上化、智能化、云化的平台逐步成为全面支撑经济社会发展的产业级、社会级平台。云基础设施由中心模式向中心与边缘结合的立体模式转变，成为产品服务交付的基本载体。

随着5G网络建设节奏的加快，边缘计算布局也在加速。边缘计算一直是中国移动大战略中非常重要的一环。边缘计算是5G云网融合的最佳契合点。中国移动研究院以5G+全栈服务为目标，不断从技术体系、平台自研、商业孵化和生态建设等方面全方位推动边缘计算落地。从2019年开始，就先后推动了几件大事落地：启动“Pioneer 300”计划；发布《中国移动边缘计算技术白皮书》；成立通信协会边缘计算专委会及中国移动边缘计算开放实验室。中国移动致力于推动边缘计算平台API的统一、开放、开源，打造协作式平台研发新模式，发挥运营商基础网络、云网融合、生态汇聚优势，构建边缘计算新生态，为合作伙伴提供“网－边－云”一体化环境及一站式边缘计算解决方案，携手产业共同推进边缘计算技术创新，充分发挥5G SA架构的技术优势，服务好经济社会数字化转型发展。

这是一本契合当下5G世界经济发展趋势，辅助运营商数字化转型，使能5G的2B市场的行业创新和边缘计算市场发展需求的书。本书为当下边缘计算的推广和开发者培养提供了重要的参考。

本书内容丰富翔实，既包含了产业趋势分析、边缘计算目标架构解析，也包含了对业界典型开源项目的详细介绍，为读者提供了一个快速了解边缘计算产业现状的有效途径。

本书可为开发者基于边缘计算平台快速构建应用提供指导，也可为应用厂商结合 5G 边缘计算进行创新提供参考。

感谢 EdgeGallery 团队对推广边缘计算产业所做出的贡献！也期待 5G 作为新基建排头兵为智能化和数字化社会做出应有的贡献。

——中国移动集团研究院副院长　杨志强

Foreword 序　三

2019年是中国5G元年——2019年6月国家向三大电信运营商和中国广电发放了5G牌照。截至2019年年底，中国的三大电信运营商共建成5G基站13万个。2020年在政策、财政和各级部门的鼎力支持下，5G商用驶入发展快车道并稳步前进，预计到2020年年底我国的5G基站数将达到70万个。

5G在这次新冠肺炎疫情防控中的积极贡献有目共睹，不但有力支撑了远程医疗，在远程教育、远程办公、视频直播、融合媒体、自动驾驶、无人机应用、复工复产技术支持等方面也发挥了重要作用。

边缘计算MEC成为5G网络中的内生基础网元，是5G网络不可或缺的关键部分。边缘计算对5G发展来说非常关键，算力是人工智能和大视频发展的基础依托。社会上存在大量的分布式算力资源，这为边缘计算的共建共享奠定了基础。

以中国联通为例，2015年中国联通发布了新一代网络架构CUBE-Net 2.0，并于2018年升级为CUBE-Net 2.0+，旨在综合运用SDN、NFV、AI等技术，打造智能、敏捷、集约、开放的新型网络架构，培育新的产业生态，催生新的业务模式。

在CUBE-Net 2.0+计划的指导下，中国联通研发上线了边缘计算平台EdgePod，这个产品已初见成效。但同时应该看到，5G在2B领域的发展是一个漫长的探索过程，因此必须走开放合作的道路。放眼未来，开放与开源是互联网化转型的重要趋势。中国联通高度关注并积极参与边缘计算研究和开源社区活动，同时积极与产业链各方合作和交流。

本书系统介绍了边缘计算的开源现状，同时详细介绍了开源产业中的实践经验，为国内开发者快速了解 LF Edge 项目，了解开源边缘计算项目和关键蓝图提供了参考。同时，本书详细讲解了 EdgeGallery 开源项目，这是针对电信领域的首个边缘计算开源项目。书中介绍了 EdgeGallery 的架构和定位、项目集成开发指南以及边缘计算应用集成实践，相信会给边缘计算从业者，尤其是关注 EdgeGallery 项目的开发者提供明确的指导。

希望借助本书的出版，能够推动边缘计算更快地发展，推进更加开放的网络建设，加快边缘计算的商用进程。

——中国联通智能网络中心总架构师，中国联通网络技术研究院首席科学家　唐雄燕

Foreword 序　四

5G MEC 作为 5G 整体解决方案中应用和网络的汇集点，是运营商重点培育的新业务。5G MEC 解决方案相对于传统网络解决方案，有三个突出的变化。

变化一：5G MEC 是应用开放平台，面对丰富的业务场景，应具备快速集成多种行业应用的能力，需要支持第三方应用无码化集成、快速上线，以满足时刻变化的市场需求，使能敏捷业务发放以及丰富的行业应用。

变化二：5G MEC 使能 5G 即服务（5GaaS），多业务、多场景应用的差异化和确定性网络体验要求 5G 运营商具备快速按需构建“连接 + 计算”的能力，以为企业或个人提供服务包。

变化三：5G MEC 需要具备与云及电信网络双向协同的能力，5G MEC 解决方案基于边缘与网络协同，通过动态调整网络资源、实时分流、控制带宽、提供连续性保障等使能“网随云动”，以保障应用提供全程、全网确定性体验；支持云边协同、中心管理与边缘站点自动化协同，从而实现边缘免维、一点创新、全网复制；支持小时级开站、分钟级复制，在边缘站点海量部署的情况下，可实现极简运营。

上述这三个变化都需要 5G MEC 解决方案外延足够宽广且足够开放。要完成上述转变，会涉及多边且复杂的产业参与者之间的协作，参与者可能包括应用开发商、云服务商、设备厂商、运营商、垂直行业集成商等，因此需要构建新的协作方式。

EdgeGallery 是华为公司联合运营商、设备厂商、行业应用伙伴一起发起的国内首个面向电信运营商网络边缘的 MEC 开源项目，以探索通过联合开源来提升产业协作效率的方法。EdgeGallery 的目的是共同开发与 MEC 边缘相关的资源、应用、安全、管理的基础框架和网络开放服务的事实标准。EdgeGallery 同公有云互联互通，力求最终构建起统一的 MEC 应用生态系统。

5G MEC 是个“新生”事物：“新”是指新架构、新能力，并适应 5G 2B 新环境；“生”是指 5G MEC 是在网络产业“母体”中孕育的。本书除了介绍 EdgeGallery 开源项目外，还介绍了业界其他主要边缘计算开源项目，我们希望通过本书抛砖引玉，与业界一起探索和加速 5G MEC 商用。

我相信产业相关技术管理者、专家和开发者，都可以从本书中受益。

——华为云核心网产品线总裁　刘康

Preface 前　言

为什么写这本书

边缘计算是最近几年热门的技术话题，是结合 5G 建设来推进行业数字化的关键实现技术。边缘计算不但涉及部署形态、容器、自动化等技术，还涉及与运营商网络、公有云、行业开发者的多边协同关系。因此对边缘计算的系统架构和技术实现方向，不同组织、不同行业的参与者都有不同的理解。同时边缘计算作为面向广大开发者的复杂软件系统，很难用标准文档无异议地进行描述，因此近年来越来越多的产业组织采用开源的方式来定义产业公共的软件参考架构和参考实现。

开源源于软件开发，是一种开发计算机程序的方法，这种方法的设计基础是公开访问，因为相关作者希望其源代码能提供给其他人查看、复制、学习、更改。今天的“开源”包含更广泛的内涵和理念，已成为众筹式推动产业发展和加速技术创新的手段。通常开源项目、产品或计划包含并提倡如下几个理念。

- 拥抱开放交流：社区技术讨论没有上下级，鼓励大家提出各自的技术观点和需求。
- 协作参与：贡献自己的力量。
- 快速原型制作：快速迭代，小步快跑。
- 透明度：决策机制透明。
- 尊重专业，引领每个人成为资深专家。
- 社区引导发展。

Linux 基金会有丰富的开源项目治理经验和庞大的开发者基础。Linux 基金会发起的 LF Edge 边缘计算开源项目群，成立仅一年就汇聚了多个有影响力的边缘计算开源项目，促进跨项目的协同，得到产业界的广泛认可。LF Edge 已发展成为电信产业规模最大、最具影响力的边缘计算开源社区，国内市场需求强烈。

LF Edge 是 Linux 基金会在 2019 年 1 月 24 日推出的面向边缘计算的国际开源组织，旨在建立一个独立于硬件、芯片、云或操作系统的开放的、可互操作的边缘计算框架。LF Edge 初始由 5 个项目组成，当前（本书完稿时）已经扩展到 7 个，它们分别是 Akraino Edge Stack、EdgeX Foundry、Home Edge Project、Open Glossary of Edge Computing、EVE、FLEDGE、BAETYL，并且还有 10 个以上的项目正在加入过程中。LF Edge 在不到一年的时间内迅速成长为 IoT 和边缘计算领域最热门的社区之一，这得益于其构建统一边缘计算框架、整合当前产业零散边缘计算项目的独特目标和定位。

本书系统介绍了 LF Edge 边缘计算开源项目，希望帮助广大有意投入行业数字化的开发者、从业者快速掌握主流边缘计算开源项目的技术架构和功能，并选择适合自己的边缘计算开源项目进行产品化，把握所在行业潜藏的数字化商机。

在这十余个正在加入 LF Edge 的项目中就包括我国贡献的电信网络边缘项目 EdgeGallery。EdgeGallery 包括 MEP、MECM[⊖]、开发者工具链以及 I/P 层平台。EdgeGallery 提供的主要功能涵盖第三方 App 开发、移植、优化、集成验证，以及简单的自助管理，目标是打造最受欢迎的 MEC 开源平台。

2019 年，部分运营商已经与设备商基于 LF Edge 的开源项目探索边缘计算部署。2020 年，随着 5G 建设的加速，国内学习 LF Edge 的热潮空前高涨。目前国内还没有关于 LF Edge 的中文书籍，本书的出版将填补这一市场空白。

本书读者对象

本书主要适合于以下读者：

⊖ 极简管理面，包括 MEPM 和 MEAO 的部分功能。

- ❑ 运营商和设备厂商中从事边缘计算规划、设计、开发的人员；
- ❑ 从事企业信息化以及行业数字化规划、设计、开发的人员；
- ❑ 参与 LF Edge 项目的人员，或者准备使用 LF Edge 开源成果的公司和人员；
- ❑ 对边缘计算开发感兴趣的高校师生和工程师。

本书特色

本书详细且全面地介绍了 LF Edge 社区及其下的各个项目，包括 LF Edge 下各个项目的系统架构、重点蓝图规划、重点特性模块实现细节、版本亮点等，通过真实的案例指导边缘计算开源项目实践。

本书作者为华为开源首席联络官及其团队核心成员，团队常年活跃在网络开源领域，并长期在 LF Edge 开源社区贡献代码。本书写作团队包括高级工程师和高级市场人员，对于 LF Edge 社区版本架构和技术以及社区运作均有深刻理解。读者学习以后不仅可以熟悉 LF Edge 架构及其使用方法，还可以对参与、消费、回馈开源社区有更深刻的认识。

本书理论联系实际，全面而系统，开发者可以通过本书深入理解 LF Edge。我们希望本书可促进 LF Edge 在国内的部署，推动边缘计算事实标准的建立，满足行业数字化对边缘计算的强烈需求。

勘误和支持

由于时间有限，加之边缘计算领域仍在快速发展中，故书中难免会出现一些不准确的地方，广大读者若有好的建议，恳请发送至邮箱 sunhl@hzbook.com，万分感谢。

关于边缘计算的最新进展，欢迎大家登录 LF Edge 社区进行了解，也欢迎大家参与社区建设，共同创造边缘计算的未来。

致谢

感谢LF Edge和Akraino社区中每一位充满创意与活力的朋友，感谢你们长期对社区的付出和做出的贡献，是你们的不懈努力给边缘计算带来了繁荣，加速了行业数字化进程。

感谢机械工业出版社华章公司的编辑孙海亮，因为有了你的帮助，我们才能最终顺利完成本书。

感谢华为云化网络OSDT开发部EdgeGallery开源项目组的同人，感谢你们在本书编写过程中提供的帮助和无私付出。

谨以本书献给在5G时代的2B、行业数字化领域，以及在边缘计算开源事业中辛苦奋斗的践行者们。最后衷心希望阅读本书的读者能够有所收获！

Contents 目　录

引　言 *Introduction*

人们对“数字化”，在不同的时代有不同的体会。20 多年前当你领到电脑打印的工资条时，你可能觉得这已经是数字化了。当时很多单位对电脑的主要需求就是简单地打印工资条。那么，今天的行业数字化是什么呢？通用技术的发展历程告诉我们，每个产业的生命周期大约都是 60 年，前 30 年主要是技术发明，后 30 年主要是行业应用。

以电力技术为例，1893 年到 1915 年是第一阶段：这一阶段电力技术本身和直接基于电力的新应用得到了迅猛发展，发电厂、电网、电灯等产品改变了人们的生活方式，GE 公司成为这个阶段的标杆性企业。电力技术进入第二阶段的标志性事件是 1914 年福特汽车第一条电力驱动的现代化流水线上线，这也意味着电力通用技术成熟，可以被应用到社会各个方面，成为社会通用技术的基础。福特汽车是这个阶段的标杆性企业。

同样，ICT（信息通信技术）的前 30 年主要围绕技术发明和 ICT 自身应用不断发展，这个阶段会深度改变人们的生活。进入 ICT 的下半场，将是利用这种通用技术的创新来全面重构传统产业，使能行业数字化的过程。

那么如何让 ICT 使能和重构传统产业呢？我们先看看 ICT 上半场的发展对我们有什

么启示。网购和公有云是过去 20 年数字化的标志性事件。它们都经历了三个发展阶段：早期以发展用户为主，基本没有什么生态，竞争主要是跑马圈地，可以用“千人一面”来概括；中期，为了提升效率，汇聚资源，网购和公有云不约而同地走向平台化，通过平台开放，从而引发生态规模爆发，此时的竞争焦点是差异化体验，可谓“千人千面”；近几年，我们发现网购和公有云生态已经演化成“网”，即有了价值的交换，自发创新出新的服务和业态，实现了价值的倍增，这个阶段是创新之争，概括为“一人千面”。

从“千人一面”到“千人千面”再到今天的“一人千面”，统一平台→规模生态→使能创新是生活数字化的发展路径。面对千行百业，行业数字化也应借鉴这个思路，通过平台化应对“需求不确定”问题，汇聚生态，使能创新，提升价值。

行业数字化并不是从今天才开始的，数字化先行者的实践对我们又有什么启发呢？首先让我们看看团购行业。从 2010 年到 2015 年经历了数百家兴起而后数百家消亡的过程，整个行业呈现过山车式的发展。这个时期企业面对的核心挑战是生态碎片化，无法自我生长和持续发展。

接下来让我们看看制造业。在这一行业中，多数企业进行的数字化就是上一套 ERP 或相关软件。它们的核心挑战是没有平台或平台不开放，所以最终实现的只是企业局部优化，无法实现外部伙伴和供应链打通与整合，对企业来说价值有限。而对于远程医疗来说，概念提出 40 年，但实际应用少，医生满意度仅 15%。因为网络是保证远程医疗的基础，造成目前窘境的主要原因是当前网络能力有限，不能保证远程医疗需要的确定性时延。

随着行业数字化逐步深入，面对生态、平台、网络等结构性问题，我们需要通过范式转换来破局。具体来说就是打造一个行业公共的 ICT 开放框架来使能各行各业的数字化。而范式转换体现在框架各个层面：最上面是生态层的模式转换，这里的模式主要指发展模式。要从过去面向确定应用（以获取和收割为主）转变到面向更多未知应用，从而实现赋能生态，使得生态发展规模从少量渐进到爆发。中间是网络层的架构转换，要实现从人工到自动的转换。转换的核心思路是从封闭到开放以实现平台化，通过分层自治和智能来实现自动驾驶网络，最终要提供确定性 SLA 保障。最下面是边缘层的智能转换，如边缘设备手机，要从功能机升级成为智能机，以支持如App可加载、AI能力引入等功能。基于ICT开放框架，让网络使能生态，生态驱动边缘，边缘增强网络，生态、边缘和网络三者之间相互作用，循环往复，不断强化。

三个范式转换具体指的是：

- 网络架构转换，核心是面向自动驾驶网络，以平台化的思维重构网络。“网络平台化”不是一个新名词。过去为何实现不了？因为过去把网络开放当作供第三方应用调用的手段，而不是以开放赋能为目的，实现过程中，逐步累积的“不开放”弊端导致内部实现逐渐耦合，变成“烟囱系统”。以开放为目的来构筑平台化网络，更多时候是约束内部实现，使内部无时无刻不考虑开放性。要实现网络平台化，首先是实现分层开放，只有分层开放，才能实现开放能力和复杂度平衡，所以业务开放通过意图驱动实现，网络开放要做到数字孪生。其次，通过模型、策略及自动闭环引入智能化，实现分层自治。最后，架构极简，提供多维度的确定性网络。只有通过平台化改造和架构转变，网络才能成为行业数字化的底座。
- 边缘范式转换，核心是像智能手机成为移动互联网各个应用的入口一样，边缘要成为行业应用的入口。具体来说，有四个关键点：首先，得面向应用开放，能动态加载各种应用；其次，面对应用多样化的算力需求，如推理、渲染、计算等，须提供异构计算能力；再次，贴近应用场景，远离中心节点，边缘必须能做到自治和自管理；最后，为保障差异化行业应用体验，边缘的计算能力必须和网络连接结合，网边必须协同，以实现对业务的感知和适应，做到智能分流，按需把合适的应用推送到最合适位置的计算平台上。所以“连接+计算”应该是未来边缘建设的核心理念。
- 生态范式转换，核心是促进模式转变。我们都知道生态有网络效应，故其规模非常重要。因此如何快速、高效发展生态并积累到一定规模，突破应用爆发临界点是关键。行业数字化生态发展模式需要从获取向赋能演进。首先要通过主动开放API，吸引生态伙伴来共同创造价值；其次，通过统一的认证、自动化测试、简化商用集成，加速伙伴的价值交换；最后，需要有共享的应用市场，面向全球进行价值变现。同时这三者相互作用，一起构建起生态价值网络。

行业数字化需要ICT开放框架，那么如何来快速构建这个公共框架？如何形成这个框架的标准呢？我们看到在ICT开放框架各个层面都有与之相对应的开源项目，如基于OPNFV的认证项目来打造共享的App Store、基于ONAP来打造开放网络自动化平台、基于LF Edge来打造边缘计算技术栈。

近年来，华为积极参与Linux基金的网络和边缘计算开源项目，是多个项目的发起会员，积极参与OPNFV/OVP、ONAP和LF Edge的Akraino项目。没有开源，我们和客户的创新不会如此高效；没有开源，没有这些社区的软件，今天行业提出的很多创新思想和概念可能还停留在纸面上；也正因为有了开源，我们今天围绕创新和技术演进进行的讨论才能够如此具体和深入。经过这几年的实践，我们深刻地认识到：开放、开源不是一种态度，而是需要扎实构建的一种能力，包含技术、人才和组织的综合能力；开放和开源是一种开发手段，但也需要用战略和产业视角来审视；未来B2B和B2C模式最终都会以to App形式体现，要用最高效的Running Code方式来达成技术共识，构建可成长的生态。

ICT一定要和传统行业相融合，通过新生态、新网络、新边缘和新协作形成一个开放统一的框架，最终高效使能各行业的数字化。行业数字化的各种可能还在等待发现或创造。世界因网络而不同，网络因开放而精彩！

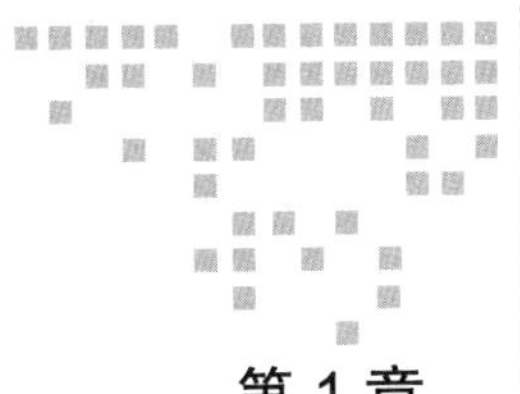

第 1 章 Chapter 1

确定性网络和边缘计算使能 5G 时代行业数字化

本章介绍 5G 时代下的行业数字化和边缘计算大背景。在 5G 出现之前，世界经济增速趋缓，在供给侧改革向纵深发展的背景下，各国政府期望通过 5G 使能行业数字化，提高供给结构应对需求变化的适应性和灵活性，并能从供给方定位出发，使能产业，提高产业质量，促进产业繁荣，优化产品结构，因此 5G 时代行业数字化是一次产业的集体革命和升级。

1.1 万亿规模的 5G 时代行业数字化加速到来

2019 年是 5G 商用元年，这一年全球有 348 家运营商投资 5G 网络，其中 61 家运营商已发布商用 AR/VR、FWA 等面向消费者的 5G 服务，推动了 5G 应用的快速发展。而 5G 网络不仅能够丰富个人生活，也能作为平台技术为行业数字化带来广阔的发展空间，加速推动各行业的数字化转型。

Keystone Strategy & Huawei SPO Lab 的研究分析表明，行业数字化领域投资逐年稳步增长。预计 2025 年全球与 ICT 相关的行业数字化收入将达到 4.7 万亿美元，所涉 10 个主要行业是制造 / 供应链、智慧城市、能源 / 公用事业、AR/VR、智慧家庭、医疗健康、智慧农业、智慧零售、车联网和无人机。其中，5G 相关的市场总额超过 1.6 万亿美元，而运营商可参与的部分占比超过 50%，达到 8400 亿美元。

在行业数字化浪潮中，各行业都在积极探索 5G，并将 5G 作为行业数字化的重要工具。其中，中国运营商及产业合作伙伴对 5G 行业的探索走在了世界前列。2019 年由中国工业和信息化部指导的“绽放杯 5G 应用大赛”中，参赛作品总计 3731 个，覆盖 10 多个行业，涉及智慧化生活、数字化治理、行业数字化 3 个应用方向。在智慧化生活方面，作品集中在沉浸式体验以及新的生活和工作方式的创新；数字化治理类应用关注社会治理能力和效率的提升；行业数字化类应用的关注焦点是各行业如何与 5G 深度融合发生裂变效应，如何完成行业数字化转型实现企业的新增长。

在 5G 产业链中，运营商以先进的通信及连接技术为锚点，并根据自己的战略和资源禀赋承担各种不同的角色和更多的责任。运营商可提供的服务涵盖基础设施相关服务、连接服务、数字化平台，甚至是行业应用相关的服务。预计到 2025 年，运营商 5G 消费者市场空间将平缓增长至 2380 亿美元，而 5G 2B 行业数字化的总规模将超过 6000 亿美元，其中包含行业连接应用 2320 亿美元，非连接应用 3700 亿美元，如图 1-1 所示。

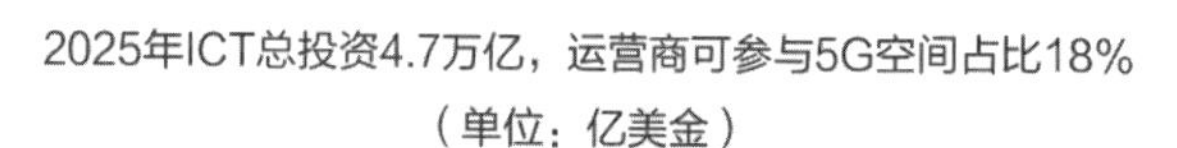

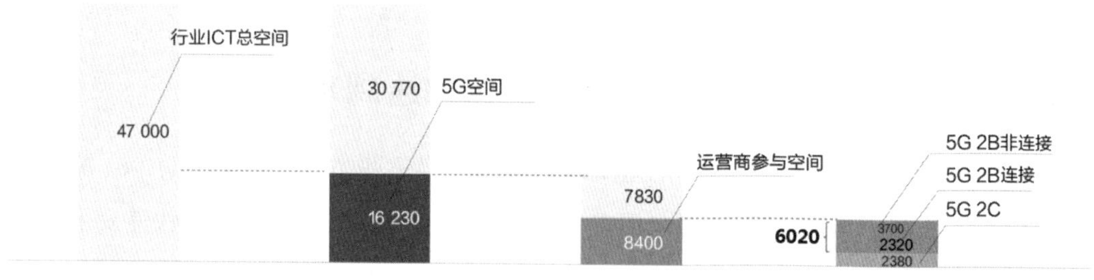

图 1-1　2025 年全球 ICT 投资市场规模预测

1.2　5G 时代行业数字化与过去企业信息化

随着个人生活基本实现数字化，行业数字化转型被越来越多的人提及。听到行业数字化很多人都会问一个问题：信息化在多数国家的企业中普及已经超过 20 年了，现在人们每天都在使用各种电子产品、各种办公系统，这不都是数字化的体现吗？为什么还要重提行业数字化？

行业数字化与企业信息化有如下不同之处。

- **辅助系统信息化与生产系统数字化、在线化：**企业信息化更多是建设辅助管理系统、办公自动化系统，不改变企业的业务方式（流程、场景、关系、员工），只是为企业附加一个信息系统，方便人员操作和管理。而行业数字化的本质是企业的生产、运作方式以在线和数字化的方式进行，这是对业务（流程、场景、关系、员工）进行重新定义，在内部完成全面在线，进而使外部系统适应各种变化，从前端到后端全面实现无须人工介入的自动化和智能化，最终创造更高价值。
- **提升企业运行效率与使能新的业务：**企业信息化以提升企业运行效率、节省成本为主要目的。而行业数字化的目标是重新定义业务，因为行业的最终用户，以及行业的生产人员和管理人员作为个人都已经完成数字化，所以实施行业数字化的目的就不能仅是降本增效了，而应该关注自动化和智能化，以此来适应已经完成数字化的个人。可应用新兴 ICT 技术和基础设施来重新定义企业业务。
- **企业个体信息化与全行业整体数字化：**企业信息化是企业根据自己的业务要求、人员能力、投资水平，建立符合自己企业的信息化系统，不强调整体提升行业信息化水平。因此企业信息化虽然有技术标准和行业标准，但关键是企业应该将相关标准与自己的实际情况结合，建立自己的标准体系，使之成为自己信息化架构的一个组成部分。而行业数字化，强调整体提升行业数字化水平，因此不同于企业信息化，行业数字化要求产业组织（联盟、标准、开源等）发挥推动、填补“鸿沟”的作用。
- **运营商网络从支撑者转变为使能者：**企业信息化看重的是企业内部数据的打通，因此依赖企业自建的企业网络。而行业数字化与企业上云重叠，企业上云意味着大量数据交互是本地与云甚至跨云的交互，企业网络必须依赖电信公众网络来构筑，因此运营商网络承担了行业数字化基础的作用，其从之前的支撑者转变为使能者。

在智慧化生活、数字化治理、行业数字化这 3 类应用方向中，5G 行业场景逐步收敛为 4+X，即四类通用场景及其衍生出的 X 类创新行业应用，如图 1-2 所示。

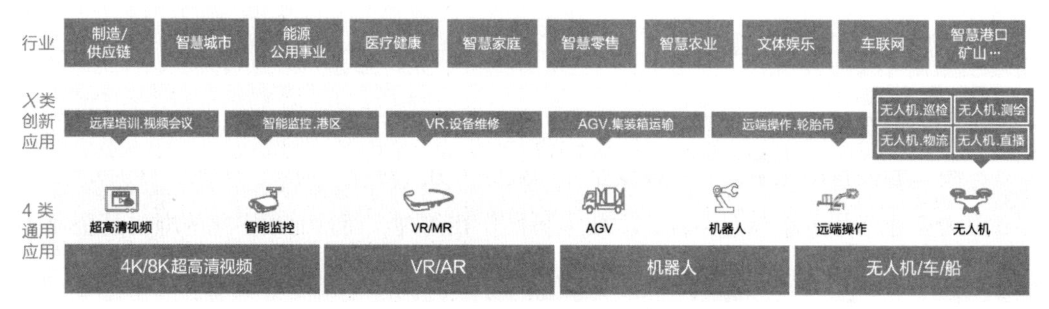

图 1-2 4+X 行业应用场景

“5G+ 行业”创新率先发生在具有“大带宽 / 低时延 + 环境恶劣 / 户外 + 移动性要求 + 部署快捷”特点的典型场景。4K/8K 超高清视频、VR/AR、机器人、无人机 / 车 / 船四大类通用应用正逐步成为各个行业应用的重要组件。其中，4K/8K 超高清视频场景可进一步分解为超高清视频娱乐场景和超高清视频监控场景；机器人包括 AGV 场景；无人机 / 车 / 船可进一步分解为无人机场景和远程控制场景（含车、船等各类远程控制载体）。

其中，每一个通用应用均可促进多类创新行业应用发展，如无人机可用于物流快递、农药喷洒、土地勘测、激光测绘、直播视频回传等多种场景。同时，一个行业也会调用多个通用应用，如智慧港口会调用智能监控部署监控港口园区、调用 VR 应用用于设备维修、调用远端操作系统控制轮胎吊、调用 AGV 提升集装箱运输效率。共同推进通用型应用在技术、商业和生态方面的快速成熟。这些通用应用是运营商和合作伙伴优化创新投入、缩短创新周期、加快 5G 创新步伐的有效手段。

5G 应用到工业、医疗、教育、港口、电力等领域，还将产生 X 类创新型应用。5G 正在越来越大范围、越来越深层次地参与各行业的数字化转型实践。

基于全球 10 个行业的调研和分析可知，5G 作为平台技术给各个行业数字化转型带来了广阔市场空间，如图 1-3 所示。各行业中，连接服务的占比从 10% 到 24% 不等。且连接份额较高的智慧城市、能源与公用事业、汽车、制造 / 供应链等行业应用均较为成熟，行业数字化转型的意愿更强烈。

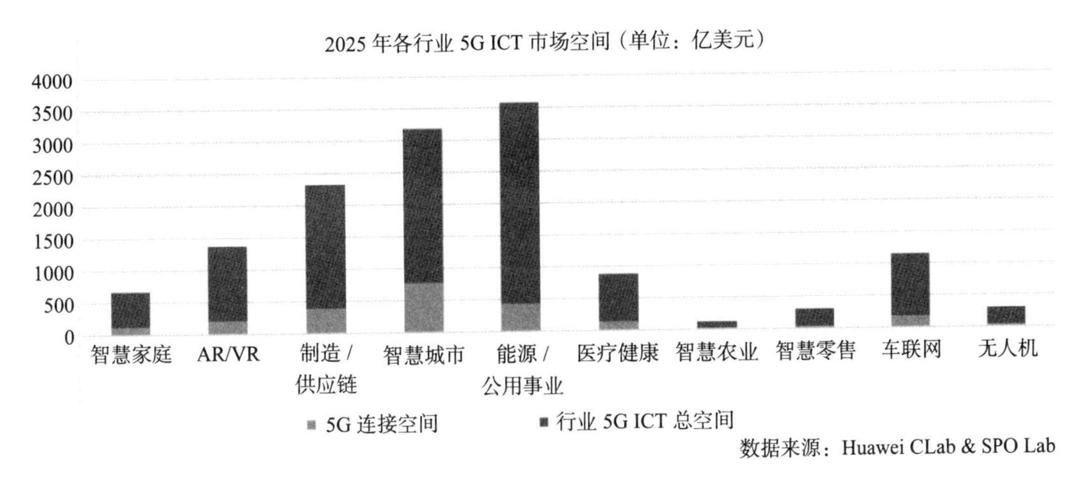

图 1-3　2025 年 5G 使能的行业 ICT 投资预测

1.3　5G 时代行业数字化的基础特征

回顾人类社会的几次重大工业革命，实际上都是在解决了技术的确定性之后才有规模化发展的。

- 蒸汽机是 1698 年由 Thomas Savery 发明的，由于其热效率低，只能用于煤矿抽水；直到 70 年后，瓦特前后花了 20 年改进蒸汽机，让蒸汽机可以提供确定性的动力输出，才使得蒸汽机普遍应用到交通、纺织等行业，从而带来了第一次工业革命。
- 发电机是西门子于 1866 年发明的，但是直到 Deppler 发明了长距离输电技术，通过输电网络电力成为具有确定性的能源之后，电力才成为一种通用的动力。
- 互联网源于 1969 年的 ARPANET，IP/TCP 协议也是那个时候发明的，但是互联网真正改变人们生活是在 Google、eBay 等公司开发了相应的平台，给最终用户提供简单而确定的体验之后。

由上可以看到，伟大的技术发明改变社会都是在引入了确定性之后才发生的。今天的行业数字化也是一次工业革命，笔者认为5G时代行业数字化也有必要引入确定性。既然运营商从支撑者变为行业数字化使能者，那么运营商就需要系统提升其确定性。笔者认为5G时代的数字化主要面临四个方面的挑战，其中两个是内部的挑战，另外两个涉及外部合作。

- **网络的挑战：**目前的网络连接无法支撑5G时代的新应用，比如自动驾驶汽车，对时延的确定性要求非常高；而远程医疗手术，则对带宽和时延的确定性要求都非常高。
- **技术能力挑战：**运营商目前的技术发展速度跟不上业内技术的演进速度，目前互联网和软件产业内的新软件、新工具每年出现一百种以上。运营商如何有效利用最新的技术、如何招募最新人才、如何留住人才等，都是保障5G体验需要面临的重要挑战。
- **生态模式挑战：**以前电信产业的生态模式非常落后，生态伙伴的拓展属于手把手的模式，这样的模式是无法支撑未来大规模生态的。未来的应用来自各行业，企业客户数量在百万以上。
- **合作效率挑战：**当前的伙伴合作模式很落后，基本依赖面对面的合作模式。这种模式是不可能支撑大量伙伴协作的。未来伙伴数量可能在万级，而且业务改变非常频繁，每个月都可能要更改。

上述这些问题都是相互关联的，故需要框架性的思维来解决。本书提供一个思考的框架来解决这些挑战。这个框架实际上包含内部和外部两个协作循环：内部循环是指运营商内部跨部门协调一致，按照统一流程持续优化；外部循环是指运营商构筑平台，有效整合外部人才、技术、伙伴、业务等资源，以使能行业应用。内部循环和外部循环又是相互作用、互相增强和循环往复的。

具体来讲，这个5G确定性框架需要提供了四个确定性。

1）**确定性的连接：**这是基础，通过MEC+切片的思路来保证网络的确定性；通过自动化来实现管理面的确定性，整体对外，让网络呈现出像水电一样的便利性和确定性，业界也称之为“网络即服务”（Network as a Service）。确定性的连接，对于5G来说需要从数据、控制、管理等全栈角度来考虑。

- 数据面 MEC 按需下沉是保障网络确定性的基础，MEC 部署到靠近用户和应用的地方，从而保证连接应用的网络带宽和时延。同时 MEC 应该采用高性能异构计算平台，以此来保证包括 UPF（用户端功能）在内的连接 + 计算的各种应用的性能。
- 要部署端到端的多维度切片网络，即按照行业和客户的不同特征，部署多维度差异化的网络切片，利用产业专用的虚拟网络来保证安全，让客户对网络建立信心。
- 要实现网络的自动化，同时避免人工流程带来的不确定性，就要用分层自治的方式。既要实现不同技术领域的自动化和保证域内业务质量，又要部署跨域的协同器，以监控和保证端到端的业务质量。

2）**确定性技术和能力：**明确运营商同厂商等伙伴的合作边界和接口，提升协作的效率和确定性。

从运营商技术和人才角度看，确定性网络必须确保能构筑一个确定性能力框架，形成确定的人才和能力储备系统。运营商投资于通用技术和开发者，尤其是软件技术，这是构筑确定性能力的关键。

5G 时代，网络实际上更加复杂，在网络的各个层面都有大量新技术涌现，比如网元层中的时间敏感型网络、（TSN）、异构计算、容器等；管理层有模型驱动、AI 技术、云原生和 API 技术；应用层有大数据、AI 和安全等。运营商投资通用技术和开发者，实际上是构建了一个开放的人才供应循环，让运营商的人才和整个 ICT 的人才可自由流动，从而保障运营商的能力可以得到及时更新。

3）**确定性协作：**基于通用技术、开放框架实现与产业最新技术保持同步，并基于此来发展和培养人才，确保人才和技术的可获得性。

关于如何提升电信产业的协作效率，如何提供确定性协作框架，笔者认为产业协作要聚焦在价值创造上，厂商和运营商互信协作，一起使能行业客户，获取价值。通过开源和标准组织的协作，可以确定这个边界和接口。比如应用层和智能层，可基于 Acumos；管理层和自动化能力可基于 ONAP 来协作；网络和边缘层可参考 Akraino 这样的开源项目来确定 MEC 域的北向边界。这样提供的协作是基于代码的，有清晰的南北向，清晰的 API，对提升协作效率、构筑良好的产业分工、重建产业互信、共同高效率做大产业大有裨益。

4）**确定性计算**：对开发者的友好和便捷就是让计算输出拥有最大的确定性，这样才有可能规模化发展应用生态。

最后，5G 时代的基础设施不仅提供通信，还提供计算能力，大量分布式部署的 MEC 站点为各行业提供计算平台，培养行业应用生态。运营商获取应用生态的核心是提供确定性的计算体验。构建确定性的计算体验，从使能应用开发、发放和运行的全生命周期来看，有三点基本能力要求。

- **提供开发者友好的工具链**：运营商要提供对开发者友好、简化的 API；要提供相应的 SDK 和开发工具；要提供应用调试的实验环境。
- **提供对用户友好的、统一的运营平台**：运营商要建设好 MEC 的统一运营平台，降低用户上线应用、编排应用、管理应用的难度。同时提供“一点上线、全网开通”的能力。
- **提供对应用友好的运行平台**：运营商要提供异构的硬件平台来适应不同的应用，包括不同计算架构的平台（x86/ARM/NPU/GPU）、安全的容器运行环境、兼容当前主流容器的运行环境。

《世界是平的》作者托马斯·弗里德曼有一个有趣的发言：世界是深的，包括 5G。这就代表 5G 将会是一个深入社会、生产方方面面的深度技术，确保 5G 的确定性将对 5G 建设非常关键。基于确定性的连接、技术、协作和计算生态，5G 将会提供极具竞争力和差异化的业务体验，期待产业共同构建开放、协作的技术框架，来打造繁荣的 5G 产业生态，使能各行业数字化。

1.4 5G 时代行业数字化中的确定性网络

综合对 10 多个行业 100 多个应用场景的解析和实践得出，行业数字化对 5G 网络的诉求可收敛为 3 个维度，即能力可编排的差异化网络、数据安全有保障的专属网络和自主管理可自助服务的 DIY 网络。

1）**差异化网络**是行业数字化的关键诉求。不同于公众消费者的普遍需求，行业应用的需求天然是千差万别、多维度的。比如远程抄表，虽然需要的网络连接很多，但是对带宽和时延并不敏感，而远程医疗、自动驾驶等业务对网络的确定性时延、安全性提出更高的要求，SLA 甚至要达到 6 个 9，每年允许的故障时间只有几秒。5G 为行业数字化创造更多想象空间，因为 5G 可以提供多维度的、有体验保证的网络能力。

2）**专属网络**可保证数据安全隔离和保护数据隐私，这也是行业应用的普遍需求。工业互联网、智能电网等行业，对网络安全、分权分域管理、资源隔离、数据及信令保护有非常严苛的要求，用户数据以及业务数据不能出园区，且要做到公网专用。

3）**可 DIY 的自助网络**是行业敏捷创新不可或缺的部分。行业用户希望响应其快速变化的业务需求，所以自定义、按需设计、DIY 自己的网络成为用户的新要求。以园区物联网场景为例，客户希望可以自主完成物联网服务能力的编排、调度和管理，做到灵活组网并部署创新应用，随时添加或删除设备。

基于这三个维度构筑的具有确定性能力的网络如图 1-4 所示，这就是运营商推动各行业在 5G 时代实现数字化转型的核心资产，也就是 5GDN（5G 确定性网络）。5GDN 所能够提供的差异化程度越高、越灵活，5G 网络就能被应用于越多的潜在市场；5GDN 可达到的 SLA 确定性越强，越容易进入更高端、潜在收入空间更大的细分市场（如工业自动化）。

2019 年，5GDN 在全球各区域均开展了广泛的试点部署。特别是在中国市场上，运营商、行业厂商和电信设备提供商共同在很多领域进行了非常深入的合作研究，并获得了显著成果。这些成果一方面论证了 5GDN 在部分行业已经具备了部署应用的条件，另一方面也展示出了相关方案所能带来的商业价值。

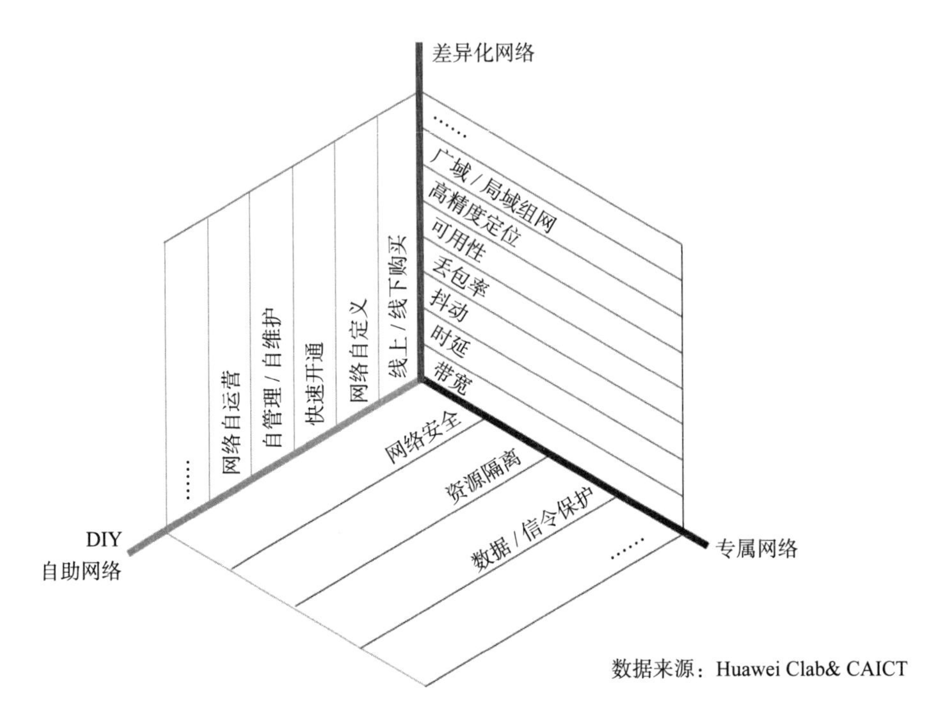

图 1-4 行业数字化对网络 SLA 的 3D 确定性要求

1.5 5G 时代边缘计算基本形态

云计算以通信和互联网等技术为基础，改变了基础设施、平台及应用等服务的增加、使用和交互模式。从使用者角度来说，云计算能够提供成本更低、效率更高的服务，这大大加速了个人数字化的进程。而行业数字化场景的特点是要适用于各个行业，云计算这种全部集中的模式未必是最优的解决方案，比如以下场景。

- 前端采集的数据量过大，如果按照传统模式全部上传，则成本高、效率低，典型的代表就是影像数据的采集和处理。
- 数据需要全部上传到中央节点经处理后再下发，往往传输成本高、时延长，无法满足即时交互的要求，典型的代表就是无人驾驶场景。
- 对业务连续性要求比较高的业务，如果遇到网络问题或者中央节点故障，即便是短时间的云服务中断都会带来严重影响。

除此之外还有安全信任的问题。有些客户不允许数据脱离自己的控制，数据更不能离开自己的系统，对于这样的场景，集中式的云计算中心就搞不定了。

边缘计算并不只为了解决集中式计算在行业数字化中面临的挑战，实际上边缘计算诞生之初是为了节省通信成本。DARPA（Defense Advanced Research Projects Agency，美国国防高级研究计划局）是最早提出和应用边缘计算的组织。2003 年的伊拉克战争期间，美军试点对士兵进行个人数字化，因为作战需要处理的信息和数据庞大，即使士兵携带专用数字设备，也处理不过来，如上传到作战中心的数据中心进行处理，则将面临两个现实问题。

- 建立从每个士兵到作战中心的数据中心的高带宽数据通道（无线基站或者卫星），成本极高。
- 士兵携带的专用数字设备重达数公斤，难以再增加计算能力（需要再增加重量）。

DARPA 提出了一个方案：在伴随士兵的悍马作战车上部署一个数十公斤级的就近计算设备，其可以处理 1 公里范围内的数字化士兵的信息，然后由悍马作战车上的就近计算设备进行处理并与作战中心的数据中心进行交互。

ISO/IEC JTC1/SC38 边缘计算的定义：边缘计算是一种将主要数据处理和数据存储放在网络边缘节点的分布式计算形式。

边缘计算产业联盟对边缘计算的定义：在靠近物或数据源头的网络边缘侧，融合网络、计算、存储、应用等核心能力的开放平台，其可就近提供边缘智能服务，满足行业数字化在敏捷连接、实时业务、数据优化、应用智能、安全与隐私保护等方面的关键需求。

行业最有影响力的边缘计算开源项目群 LF Edge（Linux 基金会边缘计算开源项目），发布了 LF Edge 白皮书，白皮书中根据分布在“端、管、云”的计算点位置的不同，将边缘计算分为以下 3 类，具体如图 1-5 所示。

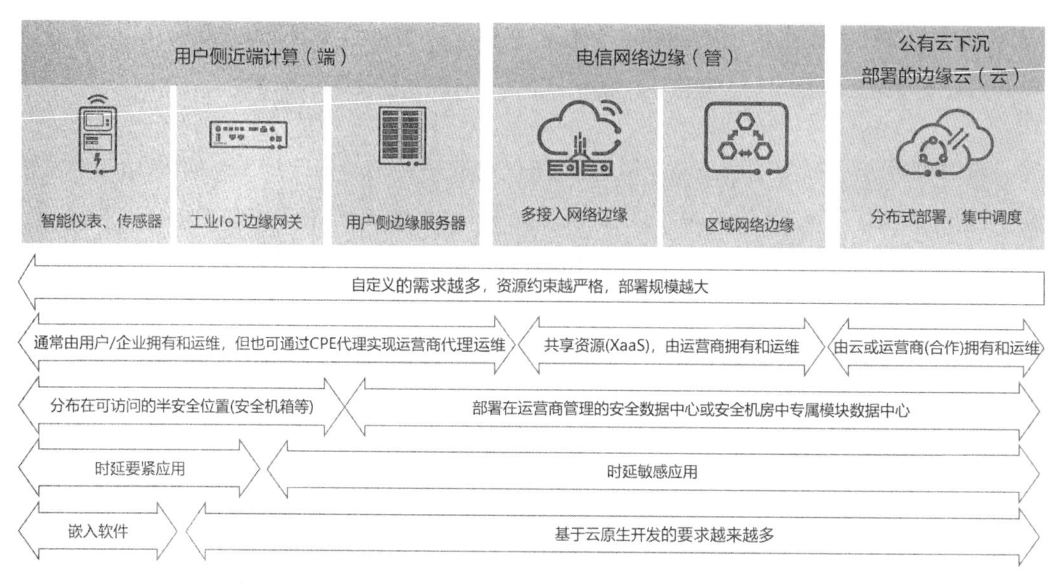

图 1-5　按“端、管、云”位置，对业界边缘计算概念的示意

1. Edge Cloud：公有云下沉部署的边缘云

公有云下沉部署的边缘云是云服务商主导的下沉部署边缘计算，其在边缘云形态上实现一个小的边缘云。当遇到更复杂的内容时，其会在云上集中处理。边缘就近计算能够提升客户响应速度、增强用户体验、节省带宽，从而为集中式云生态引流。

2. User Edge：用户侧 / 端侧的近端计算

用户侧 / 端侧的近端计算会先在本地及时进行计算处理，只处理本用户或本终端的工作负载，随后连接宏网络，和上一级节点或者周边节点实现互助。主要应用场景如下：

- 用户侧数据不出园区的边缘服务器；
- 行业、企业或交通路政组建的网络或自组织网络形态的边缘网关；
- 终端 /CPE 形态、车载形态的边缘计算。

3. Service Provider Edge：电信网络边缘计算

国际标准组织 ETSI 对电信网络边缘计算的定义为：在移动网络边缘提供 IT 服务环

境和计算能力，强调靠近移动用户，以减少网络操作和服务交付的时延，提高用户体验。Service Provider Edge 应用场景主要有 MEC（多接入网络边缘计算）和区域网络边缘计算。2017 年 ETSI 将 MEC 全称改为 Multi-access Edge Computing，MEC 也走向固移融合和多种接入的方向。随着 5G 技术的逐步成熟，MEC 作为 5G 的一项关键技术成为行业上下游生态合作伙伴共同关注的热点，如下是当下典型的 MEC 应用场景：

- 以固定运营商为主的边缘计算——“固定连接 + 计算服务”；
- 以移动运营商为主的边缘计算（即 MEC）——“移动连接 + 计算服务”。

针对上述边缘计算的各种部署场景，虽然表述上各有差异，但有一个共同点：在更靠近终端的网络边缘上提供服务，实现就近计算，以节省通信带宽、缩短时延等，从而实现综合效益最优。因此边缘计算整体方案的本质是“连接 + 计算”。

Chapter 2 第2章

5G时代边缘计算目标架构设计原则

在电信领域，边缘计算在2014年被称为Mobile Edge Computing，其最早的应用场景是在移动基站本地作为缓存（当时未能推广商用），后来演变成为分组移动网关PGW，具备了本地分流、缓存内容、对接固网IPTV组播等多种工作形态，此时才得以商用（例如华为在全球多个地区商用）。2017年华为等各方建议ETSI将MEC全称改为Multi-access Edge Computing。2018年，结合5G网络架构，3GPP国际标准SA2（网络架构组）明确MEC是部署在UPF位置上的，并对UPF进行了多种增强。伴随着5G的发展，MEC也开始走向固移融合和多种接入的方向。

2.1 边缘计算面临的挑战

由于边缘计算一般是去中心化的且需要进行海量边缘节点部署，因此其运行环境与数据中心的运行环境相比有极大差异，这就对边缘计算提出了独特的挑战。

1）**硬件和资源受限**：许多边缘环境会受到各种限制，例如，在嵌入式设备上无法容纳与数据中心一样多的硬件。即使是移动边缘或云边缘，它们虽然能提供一些资源池化能力，但资源也是相对有限的，无法像数据中心一样拥有无限的资源（理论上）。因此边缘计算的价值不是取代云计算，而是互为补充。云计算擅长全局性、非实时、长周期的大数据处理与分析，能够在长周期的业务决策支撑等领域拥有独特优势。而边缘计算更适合短周期数据的处理与分析，其能更好地支撑本地业务实时做出智能化决策并执行。边缘计算通过分布在距离终端最近的基础设施提供的针对性的算力，将部分数据处理终结在边缘侧，另外一些数据（对时延不敏感或量小但处理复杂的数据）处理后回传到中心云，利用云计算的海量资源以更经济的方式完成处理任务。边缘计算与数据中心一起共同提供了一种弹性的算力资源分配机制。边缘计算一般都应具备与云数据中心协同配合的机制，包括统一的控制管理、通道高可用和稳定的控制管理，大数据的协同处理、云边一体化的安全协同、统一开放的服务接口等。边缘计算还应支持与不同云服务提供商之间的互操作性，形成完整的开放生态。边云协同将放大边缘计算与云计算的应用价值，边缘计算既是靠近终端的执行单元，又是云端所需要的高质量、高价值数据的采集和初步处理的执行单元，其可更好地支撑云端应用。另外，云计算通过大数据分析优化输出的业务规则或模型并将其下发到边缘侧，由边缘侧按新的业务规则和模型运行，这也让边缘计算获得了更好的运行效率和更优的计算结果。

2）**网络连接的挑战**：由于边缘部署环境的多样性（甚至可能一直处于移动中），导致边缘与数据中心的连接可能存在不可靠的情况，而边缘侧应用普遍对时延敏感度较高，故在边缘侧应避免干扰应用程序的工作，且须及时给予各种请求响应和处理。也就是说，即使暂时与云数据中心连接中断，或者云数据中心应用因为种种原因响应不及时，边缘计算仍应能持续为终端设备提供低时延的服务（在丢失连接时进行数据缓存等），并在连接恢复后，自行同步相关信息。终端设备默认应不感知这一变化，这方面就需要采用Digital Twin（数字孪生）等技术。另外，由于边缘需要连接的物理对象具有多样性，应用场景也具有多样性，所以边缘计算需要具备丰富的网络连接功能，需要支持多种网络接口、网络协议、网络拓扑、网络部署和配置、网络管理和维护，要能充分借鉴网络领域的先进成果，比如WAN、LAN、SDN、NFV、NB-IoT、5G等，同时还要考虑与现有各种工业总线互联互通，解决在不同网络连接上存在的各种延迟和抖动问题。

3）**极简运维**：边缘计算由于具去中心化和大量分布的特点，导致无法由专业人员进行现场维护，因为这会带来高昂的运维成本。一般来说，只有硬件安装人员在初始安装时会去一次，甚至初始安装都由最终用户按操作指导自行操作。不可能由专门的人员负责监视和服务每个边缘节点。比如，风力涡轮机作为边缘节点可能遍布数千里，油井或采矿场所深处安装的传感器作为边缘节点基本无法进行现场维护，在百货公司每个结账线上的付款处理设备作为边缘节点数量庞大。由于距离、设备数量、地理可访问性以及其他成本等因素，要求边缘计算在运维开销方面必须是够低。在许多环境中，技术人员无法定期部署和管理解决方案，因此在安装和持续运行过程中，边缘设备必须是即插即用的，同时需要有高效可靠的故障自处理能力，否则大量软件故障将无法解决。因此在边缘侧应尽量做到免运维。在故障发生时，如何节省网络的带宽成本也是一个要重点考虑的因素。同时边缘侧还应支持必要的远程自动运维能力，比实现自动安装、自动软件分发、自动升级和自动业务更新等。另外边缘基础设施差异大，种类繁多，可能存在来自不同厂家、使用不同架构的多类型设备的情况，如何屏蔽设备的差异性、实现统一管理也是在边缘侧实现极简运维面临的关键挑战。

4）**安全**：安全是边缘计算要考虑的首要因素。由于边缘计算具有去中心化分布式部署的特性，导致其不能像数据中心一样部署在一个封闭管理的安全场合，要考虑包括本地恶意破坏、回传过程遭遇网络攻击等多种风险场景。由于更贴近互联设备，访问的控制与威胁、防护的广度和难度也大幅提升。以工业场景为例，根据《中国工业互联网安全态势报告》，截至2018年11月，全球范围内暴露在互联网上的工控系统及设备数量已超10万台。跨越云计算和边缘计算纵深的安全防护体系，可增强边缘基础设施、网络、应用、数据在识别和抵抗各种安全威胁方面的能力，为边缘计算的发展构建安全可信环境，加速并保障边缘计算产业发展。这里所说的安全主要包括设备安全、网络安全、数据安全和应用安全，此外关键数据的完整性、保密性，大量生产或个人隐私数据的保护也是安全领域重点关注的内容。因此要求边缘计算架构应支持端到端的安全防护能力，包括从数据中心到边缘侧的安全通信，确保静态和动态数据以私密性、匿名的方式存储在边缘侧。其他安全要求还包括在中央数据中心和边缘设备之间建立信任机制，在发生攻击时可查找并停止恶意设备的运行，以及通过WAN进行安全通信。

2.2　边缘计算架构设计原则

2.2.1　模型驱动

在边缘计算环境中，硬件与资源受限，导致需要差异化对待来自不同厂商的软硬件产品与服务；另外，极简运维又要求服务应标准化和模板化，尤其是服务快速部署和弹性运维是开展规模化边缘计算服务的前提。这就要求应对典型边缘计算场景、算力、带宽等资源进行标准化和模板化设计，实现快速复制和拓展。因此边缘计算系统应该是个模型驱动的系统。

介绍模型驱动前，需要介绍一下什么是模型。模型是对“事物”的一种抽象化表达，即从特定角度对系统进行描述，省略部分不重要的细节，聚焦感兴趣的特性。

模型驱动在软件开发领域有多种表达方式，比如 MBD（Model Based Development，基于模型的开发）、MDD（Model Driven Development，模型驱动开发）、MDA（Model Driven Architecture，模型驱动架构）。模型驱动的核心是从模型中生成代码和其他开发过程中的组件，在解决领域问题的同时，提高生产效率。比如，发生需求变更时，软件设计不变或变更较少（模型不变）。与之对应的传统开发方式则是硬编码（即使用编程语言 C、C++、Java、Python 等编写代码）。但从本质上来说，只要是进行变更，就肯定需要某人 / 某个应用在某个地方进行某些修改，这样才能让变更真正生效。模型驱动的修改与硬编码方式的修改真正的差异在于谁负责修改、改什么（包括在哪修改）和影响多大。对于硬编码方式而言，所有变更都需要由原软件提供者来修改，且需要在实际产品代码上重新进行编译、发布、打包等操作，再经过商业交付流程提供给使用者。而使用者在此过程中只能等待，等待供应商提供修改后的版本，然后再经过入网测试、升级部署等流程才能在实际网络中使用。传统修改方式不仅代价大、周期长（一般以月为单位），而且多数情况下，产品升级还可能需要重启系统，影响较大。如果整个过程中发生任何问题，包括理解上的差异，很可能需要从头再来。

而对于模型驱动的架构，在进行变更时，平台开发者（比如边缘计算产品的供应商）不需要参与代码修改，平台本身也不需要停机，不需要进行重新编译、发布等开发过程，使用者通过修改外部（相对平台 / 边缘计算产品自身代码而言）的模型文件（TOSCA 或 YANG 等）或插件（可能包括 JavaScript、Python 等动态语言）即可动态变更，这一开发过程可称为模型驱动的设计。当然，为了实现这一点，需要提前定义一些内容：模型的格式（模型文件应该如何描述）、模型生效的流程（模型如何加载、生效，如果中间出现错误如何处理等）。多数模型驱动的架构还会定义一些预定制的元模型或领域模型示例，以简化学习流程，加速在指定领域中的应用。

在本书中，模型驱动是指，系统支持在不修改自身框架代码的前提下，通过对模型进行组合 / 变更（新增、删除或修改），进而实现业务变更。上述这些一般通过修改某些脚本，或动态加载部分插件、驱动来实现。

注意　模型驱动并不意味着业务变更完全不需要修改代码，只是不需要修改系统自身的框架代码，即修改分成两部分：一部分是对平台的修改，尽可能少甚至不需要修改；另一部分是（在多数场景下）第三方（非系统开发人员）对模型进行组合与修改（也可能包括一些脚本的开发）。

---

1. 常见模型

常见模型包括信息模型、数据模型、对象实例（物理数据模型）以及元模型等，这些模型分别表示从现实世界到信息世界的不同层次的抽象。

- **信息模型**（Information Model，IM）：包括业务模型和概念模型，是对现实世界中真实事物的描述，不涉及具体软件实现，是根据现实世界中具体事物定义出的抽象概念（对象名称），例如员工、合同、客户、网络、站点、设备等，也包括这些抽象概念之间的关系，比如站点中“包含”设备，而交换机“属于”某种设备等。
- **数据模型**（Data Model，DM）：是对业务模型或概念模型的进一步分解和细化，包括所有的实体（抽象代表一类对象，员工代表所有具体的员工）和关系（实体间的关系）。需要确定每个实体的属性，定义每个实体的主键，指定实体的外键，需要进行范式处理。一般在软件设计中定义对应的数据 / 对象结构，比如员工包括工号——字符 Char(8)、姓名——最长 20 个字符的可变字符串 varchar(20)、年龄——数字 integer、出生日期——日期 date 等。

- **对象实例**：用于在数据模型基础上定义每个具体的独立对象，比如某个具体员工 A 的工号是 00123456，则员工 A 就是一个实例。
- **元模型**（Meta Data）：即模型的模型，是模型驱动设计中更高层次的抽象。一般针对特定领域的模型定义抽象概念（元模型），并用其构建该领域中的具体数据模型。比如在网络领域，IPV4（形如 10.10.10.10 的 32 位的对象）或 IPV6（形如：1:123::ABCD:0:1/96 的 128 位的对象）就可视为元模型，用它们的组合可表示新的模型对象，比如 VPN（每个接入点都可以是 IPV4/IPV6 的 IP 地址）。

目前很多领域都有自己特有的模型和模型语言。下面就一一介绍。

2. 常见模型语言

（1）XML

XML（eXtensible Markup Language，可扩展的标记语言），1998 年 2 月由 W3C（World Wide Web Consortium，万维网联盟）正式批准定义的标准且通用的标记语言。“标记”指计算机所能理解的信息符号，通过标记，计算机之间可以处理包含各种信息的文档。在定义这些标记时，既可以选择国际通用的标记语言，比如 HTML（Hyper Text Markup Language，超文本标记语言），也可以使用像 XML 这样由相关人士自由决定的标记语言，这就是语言的可扩展性。XML 是由 SGML（The Standard Generalized Markup Language，标准通用标记语言）简化修改而来的。XML 是一套定义语义标记的规则，这些标记将文档分成很多部件并对这些部件加以标注，即定义了用于定义其他与特定领域中有关的、语义的、结构化的标记语言的句法语言（元标记语言）。

直白解释就是，XML 是一种规则，其把一个文档划分为不同的层次或部分，并对这些层次或部分做好标记。这个文档支持不同领域，比如文学、物理、化学、音乐等。不同领域的文档可定义特有的领域语言（也用 XML 定义）。XML 文档的字符分为标记与内容两类。标记通常以 < 开头，以 > 结尾；或者以字符 & 开头，以；结尾。

XML 有如下几个特征：

- 内容与形式分离，XML 的设计宗旨是传输数据和存储数据，而不是显示数据。
- 良好的可扩展性，标签没有被预定义，需要自行定义标签。
- 具有自我描述性。
- 遵循严格的语法要求。
- 便于不同系统之间进行信息传输，是 W3C 的推荐标准。

一个简单例子如下：

```
<student>
    <age>19</age>
    <name>John</name>
    <school> Wuhan University</school>
</student>
```

以上 XML 脚本描述的是一个学生，记录了学生如下信息：年龄、姓名、学校。其中的 <student> 学生和 <age> 年龄等即为自定义标签（tag）。具体如图 2-1 所示。

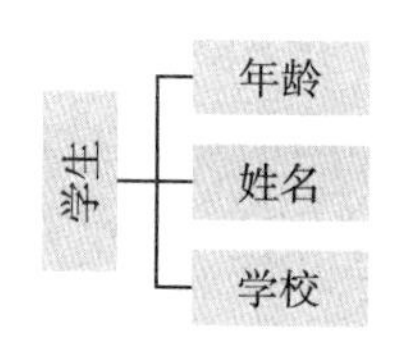

图 2-1 学生模型示意

（2）XML Schema

XML 虽然可以描述一个对象（通过自定义标签），如上例所示，但对于计算机处理来说这是不够的，上述示例只能说是“语法正确”（术语称为 well-formed XML），但不一定“合法”（术语称之为 validating XML）。

比如年龄这个标签，在计算机处理中还需更进一步严格定义，数据类型是一个“数值”，而不是字符串。显然，说年龄是 10（岁）是合法的（一个数值），而把年龄说成一个字符串“OK”或“非常大”，则是非法的。

为了约束一个字段或者说为了约束 XML 的类型，就有了 XML Schema，它是一套 W3C 标准，即用于 XML 的模式定义语言，定义 XML 标记规范。

以下是一个对年龄进行约束的例子。年龄这个标签（XML 也称为元素，element）有如下定义 / 约束：

- value 必须是整型（xs:integer）；
- 取值范围必须是 7 ～ 50。

```
<xs:element name="age">
    <xs:simpleType>
        <xs:restriction base="xs:integer">
            <xs:minInclusive value="7"/>
            <xs:maxInclusive value="30"/>
        </xs:restriction>
    </xs:simpleType>
</xs:element>
```

（3）YAML

YAML（Yet Another Markup Language，另一种标记语言）是一种以数据为中心的标记语言，是一种人性化的数据格式定义语言。数据组织主要依靠的是空白、缩进、分行等结构，相比 XML 其有如下优点：

- 可读性好；
- 和脚本语言的交互性好；
- 使用实现语言的数据类型；
- 有一致的信息模型；
- 易于实现。

比如上面那个学生的例子，用 YAML 语言可表述为如下形式。

```
- student:
    name: John
    age: 19
    school:  Wuhan University
    friends:                  # YAML 用缩进后的横杠 '-' 表示列表项的多个取值
      - 'mike'
      - 'Tom'
```

由于YAML有较好的可扩展性与可读性，且比XML编码效率更高，故在特定场景下具备明显优势。比如常用的动态语言（Python、Ruby等）就支持用YAML定义的数据结构与数据类型。一些常见的IT工具也使用YAML来定义模板，比如Heat、Cloud Formation、Saltstack、Puppet、Chef。

一个环境描述的Heat实例（包括对Nova、Database、Chef的定义）如下：

```
# Environment
environment: environment_1000_stag
    name: Rackspace Cloud US - staging
    Providers:
        Nova:
            id: nova
            vendor: rackspace
            provides:
            - compute: Linux
            - compute: windows
            constraints:
            - region: ORD
        Database:
            id: Database
            vendor: rackspace
            provides:
            - Database: MySQL
        Chef:
            id: chef-Server
            vendor: opscode
            provides:
            - Application: http
            - Database: MySQL
```

（4）YANG

YANG 是 IETF 在 RFC 6020 中定义的用于网络配置的数据模型描述语言，可支持 NETCONF 接口协议，实现网络配置的标准化，是一种 DSL（领域特有语言）。

> 注意 NETCONF（Network Configuration Protocol）是一个网络配置管理协议，是由 IETF 标准组织定义的一套管理网络设备的机制。用户可使用这套机制增加、修改、删除网络设备的配置，获取网络设备的配置和状态信息。

YANG 与 XSD（XML Schema Definition）基本等价，也就是说 YANG 是一种 Schema 定义语言，而不是像 XML 或 YAML 一样用于数据的传输和存储。

从设备维护的角度，YANG 将数据的层次结构模型化为一棵树，树中每个节点都有名称且有一个值或一个子节点集。YANG 给节点提供了清晰简明的描述，同样提供了节点间的交互。相比 XML Sechema，YANG 语言定义的数据模型具有可读性好、简单易懂、可扩展的特点。当前 YANG 已在设备配置领域被普遍采用，IETF、ONF 等标准组织都要求提交的模型用 YANG 来写。其他组织（如 Openconfig、OpenDayLight 等）也普遍支持 YANG。

用 YANG 定义一个 RPC（远程进程调用）的示例代码如下所示。

```
rpc activate-software-image {
    input {
        leaf image-name {
            type string;
        }
    }
    output {
        leaf status {
            type string;
        }
    }
}
```

上述示例表示一个activate-software-image的远程调用方法，输入是一个string参数image-name，输出是string类型的status。

（5）TOSCA

TOSCA（Topology and Orchestration Specification for Cloud Applications）是一种数据建模描述语言，一种面向云计算环境中的应用拓扑和编排描述语言，由OASIS组织（https://www.oasis-open.org/）制定，目前支持YAML和XML实现。

TOSCA基本概念有两个——节点（node）和关系（relationship），且都可通过程序来扩展，同时TOSCA规范中也支持Plan（即Workflow工作流文件）。

节点预定义了很多基础类型，包括云基础设施中常用的计算节点、网络节点、数据库节点等。

关系定义了节点之间的关联关系，常见关系类型如下。

- **DependsOn（依赖）**：表示节点间的顺序依赖关系，一般影响实例化过程中的创建顺序，比如A节点依赖B节点，则在创建A对象前须先创建B。
- **HostedOn（运行）**：比如“MySQL数据库”与“计算机”的关系就是HostedOn的关系，即数据库运行在计算机上。
- **ConnectsTo（连接）**：表示连接关系。

TOSCA面向云计算环境中的应用拓扑和编排场景预定义了一些属性，因此一般认为较适合用于满足以下需求：

- 自动化部署和管理软件。
- 应用生命周期（安装、扩容、卸载等）管理方案的可移植性（注意：不是应用本身的可移植性）。
- 组件之间的互操作性和重用性。

注意 OpenStack中的Heat子模块也是基于TOSCA标准的。

YANG、TOSCA 都具备较强的扩展能力。笔者认为，语言本身没有本质区别，也不存在谁一定更适合某领域的说法，这更多是不同领域使用习惯的问题。而且 IETF、OASIS 等组织也都在不断扩展这两种语言。比如，NFV 领域的 VNFD 就是用 TOSCA 来描述文件的（可以是 YAML 或 XML 格式），描述项包括安装软件过程中都有哪些组件、组件之间有什么依赖关系等。当然，实际运行时还需要 TOSCA 运行态环境来对 TOSCA 文件进行读取（分析文件的语法、语意）和解释执行（进行具体的软件安装、配置工作）。

下面看一个 TOSCA 描述文件（称为 Service Template）示例。该示例包括一个名为 my_Server 的节点，类型是 TOSCA.nodes.Compute，该类型预置了两个 capabilities(能力）信息，一个是 host，定义了硬件信息；另一个是 os，定义了操作系统信息。

该示例代码如下：

```
TOSCA_definitions_version: TOSCA_simple_YAML_1_0
description: Template for deploying a single Server with predefined
    properties.
topology_Template:
    node_Templates:
        my_Server:
            type: TOSCA.nodes.Compute
            capabilities:
                host:
                    properties:
                        num_cpus: 1
                        disk_size: 10 GB
                        mem_size: 4096 MB
                os:
                    properties:
                        architecture: x86_64
                        type: Linux
                        distribution: rhel
                        version: 6.5
```

TOSCA 脚本还可用于表达对输入、输出的建模。比如，以下代码就定义了一个 TOSCA.nodes.DBMS.MySQL 新节点类型。该类型允许接收 root_password 和 port 的参数。在requirements里定义了MySQL这个节点，该节点需要安装到db_Server节点上，这就是“关系”。

```
topology_Template:
    inputs:
        # 略
    node_Templates:
        MySQL:
            type: TOSCA.nodes.DBMS.MySQL
            properties:
                root_password: { get_input: my_MySQL_rootpw }
                port: { get_input: my_MySQL_port }
            requirements:
                - host: db_Server
        db_Server:
            type: TOSCA.nodes.Compute
            capabilities:
                # 略
```

2.2.2 数字孪生

Gartner对数字孪生（Digital Twin）的定义如下：数字孪生是物理对象的数字化表示。其概念产生于军事领域，在工业界中也受到广泛认同。它是以数字化方式复制一个物理对象、流程、人、地方、系统和设备等，即通过对物理对象（比如飞机引擎或风力涡轮机等）进行数字化建模，形成对应的数字仿真模型，这些模型跟随其物理实体的变化而更新。外部系统通过操作该仿真模型，即可实现对物理对象的处理。比如美国国防部将此技术用于航空航天飞行器的健康维护与保障。首先在数字空间建立真实飞行器的模型，并通过传感器实现与飞行器真实状态完全同步，每次飞行后，根据现有情况和过往载荷，及时分析评估是否需要维修，能否承受下次的任务载荷等。

数字孪生技术在工业生产、智能制造等多个领域有着广泛的应用前景。在边缘计算实际应用场景中，很可能出现连接与管理不畅的情况，比如因网络连接的挑战（可能存在网络不可靠的情况）、边缘设备的特殊性（资源有限，响应速度差异化也较大，比如部分末端传感器为了省电，只在指定的时间间隔才进行上传处理等）等引发的问题。同时极简运维也决定了整个系统不应因为个别对象的异常而受影响。边缘计算解决方案若支持数字孪生则可较好地解决这个问题，云数据中心将待下发的数据发给与数字孪生对应的仿真模型即可认为完成了处理，从而规避了各种软硬件问题，实现了极简运维。另外，数字孪生也可在与具体处理对象恢复连接时，将变更同步，即在架构上支持离线运行并支持断点续传。而且，有了数字孪生，在需要做预测、训练等任务时，可直接在数字孪生的仿真模型上进行设计 / 验证操作，而不会受物理对象的约束，从而大幅提升了工作效率。

2.2.3 低时延与本地计算

因靠近数据源带来的低时延和高带宽是边缘计算的最大优势所在，也是边缘计算相较于云计算的差异化优势所在。边缘计算可将云计算能力延展到距离用户最近的位置，例如将服务覆盖到乡镇街道级十公里范围圈。在物联网场景下甚至可将云计算能力延展到用户身边，此时可称为一公里范围圈，工厂、楼宇等都是这类计算场景。边缘计算还可以为网络无法覆盖的地域，也就是常说的网络黑洞区域提供云计算服务，例如“山海洞天”（深山中的设备、远海航船、矿井中的设备、飞机）等需要计算的场景，可对数据进行离线实时处理，联网之后再与云中心进行同步或协同处理。

近年来，虽然摩尔定律仍然推动着芯片技术不断取得突破，但物联网、视频等新应用的普及带来了信息量爆炸式增长，而 AI 技术应用增加了计算的复杂度，这些都对计算能力提出了更高要求。计算要处理的数据种类也日趋多样化，边缘设备既要处理结构化数据，又要处理非结构化数据。同时，边缘计算节点包含了更多种类和数量的计算单元，成本（包括购买成本与长期使用成本）成为边缘计算方案中必须考虑的重要因素。近期对零售业的访谈显示，零售业客户希望本地处理集群的购买成本可降至 2000 美元（按 3 个节点评估），这是很有挑战的。有时采取一些特殊硬件就成了更佳选择，比如通过集成 GPU/FPGA 能力来提供 AR（增强现实）和 VR（虚拟现实）的功能。业界提出将不同类型指令集和不同体系架构的计算单元协同起来的新计算架构——异构计算，以充分发挥不同计算单元的优势，实现性能、成本、功耗、可移植性等方面的均衡。

在边缘计算的架构设计中需要考虑计算的扁平化、去中心化和无边界化，以避免数据（尤其是时延敏感型数据或大容量数据）处理经过较长的绕接。对于本地化的处理流程，实现对数据安全、网络安全、信息安全的保障也是在工业、交通、医疗等垂直行业应用的必要条件。同时，新的边缘节点要对所在区域中的人群，以及不同业务类型和具有不同行业特征的服务场景具备感知能力，也要对自身资源具有编排能力。在引入AI等能力后，边缘计算还应该能够根据服务场景进行专项优化和在技术上对多因素进行均衡。

2.2.4 自治域、自闭环

从上述边缘计算面临的挑战来看，不论是资源有限的约束、网络连接的潜在不可靠，还是极简运维的要求，都要求边缘计算框架应在本地实现自治域与自闭环能力，即需要边缘计算节点在暂时无法与互联网连接，也就是在与云数据中心隔离的情况下仍能正常工作。也就是说，网络中断不应影响边缘计算节点相关服务的正常提供。边缘计算应形成一个自治域（可能是一个集群，也可能是周边区域中的多台设备），能针对周边环境的变化、网络配置的原始意图和可调度资源的运行状态，自主采取不同的针对性措施并自行实施，包括动态资源分配的调整、故障节点的隔离、不同业务质量的动态调整等。在与互联网恢复通信后，边缘计算节点还应自动将相关变化信息同步至云计算中心，获取刷新的策略与意图。上述过程在边缘计算节点的生命周期中不断循环。

要实现边缘计算领域的自治域与自闭环，需要满足如下条件：

- 需要对来自不同厂商的、异构的（如有）基础设施实现规格化、资源池化的管理与调度。不同的应用场景，对基础设施的要求也不相同。为提高应用部署效率，需统一基础设施部署的规格。规格化定义可从部署安装环境、I/O及加速部件可扩展性、高温/高湿环境适应性、故障管理和设备易维护等几个方面来定义。规格化定义有助于从设备供应、安装部署、运营维护和故障恢复等方面形成一系列产业建议，促进生产链成熟。
- 自治域需要具备环境感知能力，即要能感知外部的环境变化，比如业务流量的变化、用户数的变化、部件出现故障（含器件和网络的故障）等。

- 需要基于网络意图或策略进行描述与执行，包括对不同意图或策略的优先级判定，在外部环境变化时，选择最优的执行策略。

2.2.5　灵活适配的弹性网络

边缘计算的业务执行离不开通信网络的支持，通信网络既要满足与控制相关的业务在传输时间方面的确定性和数据的完整性，又要支持业务部署和实施的灵活性。时间敏感网络（TSN）和软件定义网络（SDN）技术将成为支持边缘计算网络的重要基础技术。

为了提供网络连接需要的传输时间确定性与数据完整性，国际标准组织 IEEE 制订了 TSN（Time-Sensitive Networking）系列标准，针对实时优先级、时钟等关键服务定义了统一的技术标准。这是工业以太网未来的发展方向。

边缘计算架构应考虑充分利用不同部署场景下的网络能力。总体来看，网络影响的场景有：固移融合场景、园区网与运营商网络融合场景、现场边缘计算网络 OT 与 ICT 融合场景。

移动网接入的边缘计算在距离用户最近的位置提供业务本地化和边缘业务移动能力，以进一步减小业务时延，提高网络运营效率，提高业务分发能力，改善终端用户体验。其采用灵活的分布式网络体系结构，把服务能力和应用推到网络边缘，从而极大缩减等待时间。智慧城市、远程手术、自动驾驶等为其主要应用场景

总体来讲，边缘计算对网络的需求可以总结为以下几个：

- 支持业务通过固网或移动网实现多接入。
- 满足边缘计算的高可靠连接需求，无绕行网络。
- 支持网络边云协同 / 跨域边云协同。
- 支持算力按需调度，选取最优节点处理业务。
- 满足运营商网络和园区网融合的互联、互通、互操作，以及安全互信需求。
- 满足边缘计算的确定性时延 / 低时延、高带宽、高并发需求。

- 支持现场异构接入网络。

2.2.6 云边协同

边缘服务是云服务的延伸，可调度资源相比数据中心是有限的，因此将边缘站点对环境的即时感知、实时本地化计算与云上的数据中心的海量计算能力结合，实现云边服务的价值最大化，也是边缘计算框架必须支持的能力。

一般来说，架构应支持运行在边缘计算环境中的应用程序能够方便地使用云计算中心的资源，或者在本地资源不足时，优先把一些不重要的或者时延要求不高的计算迁移到云上。常见方案有：在边缘节点实现对数据的采集、初始处理或推理，并回传到公有云中，利用公有云海量计算资源进行大数据挖掘、算法模型的训练与升级等复杂计算，最终训练得到的模板或升级后的算法再推送回边缘节点，如此不断往复，最终实现自主学习或训练闭环。其他方案还包括在边缘节点仅保存有限时间段内的即时或高频数据，其他的大量数据与计算保存在云端，并根据用户需求进行即时轮换。这样不仅可以满足用户即时性访问的需求，当边缘节点出现意外时，还可借助存储在云端的数据快速恢复边缘节点数据。

因此云边协同对架构的要求有：支持应用在边缘节点或云上互相迁移的能力，以及对不同云服务的集成与抽象能力（避免绑定特定云服务供应商）。对于智能化应用，架构需要考虑边缘侧AI与云上AI的模型一致性。

2.2.7 智能化

以深度学习为代表的新一代AI应用在边缘侧还需要新的技术优化。当前，即使在推理阶段对一张图片进行处理往往也需要超过10亿次的计算量，标准的深度学习算法显然是不适合边缘侧的嵌入式计算环境的。业界正在进行的优化方向包括自顶向下的优化，即把训练完的深度学习模型进行压缩来降低推理阶段的计算负载；同时，也在尝试自底向上的优化，即重新定义一套面向边缘侧嵌入系统环境的算法架构。智能化方面，结合GPU、FPGA等特殊硬件进行优化的AI框架也层出不穷。

2.2.8 安全可信

边缘计算架构安全可信体现在如下方面：

- **提供可信的基础设施**：基础设施主要涉及计算、网络、存储类的物理资源和虚拟资源，包含路径、数据交互和处理模型的平台，可应对镜像篡改、DDoS攻击、非授权通信访问、端口入侵等安全威胁。
- **为边缘应用提供可信赖的安全服务**：从运行维护角度考虑，须提供应用监控、应用审计、访问控制等安全服务；从数据安全角度考虑，应提供轻量级数据加密、数据安全存储、敏感数据处理与监测等安全服务，以进一步保证应用业务的数据安全。
- **保障安全的设备接入和协议转换**：边缘计算节点数量庞大，数据会存储在中心云、边缘云、边缘网关、边缘控制器等多种终端，且具有边缘计算形态，这导致复杂性、异构性突出。保障安全接入和协议转换，有助于为数据提供存储安全、共享安全、计算安全，以及传播、管控、隐私保护。
- **提供安全可信的网络**：安全可信的网络除了包括传统的运营商安全网络（涉及的技术有鉴权、秘钥、合法监听、防火墙等）以外，还包括面向特定行业的TSN、工业专网等，这些网络都需要定制化的网络安全防护。
- **提供端到端全覆盖的全网安全运营防护体系**：包括威胁监测、态势感知、安全管理编排、安全事件应急响应、柔性防护等。

2.2.9 从云原生演进到边缘原生

随着容器化和Kubernetes的引入，越来越多的组织开始转向云原生的软件开发。理想情况下，云原生让开发人员拥有通用的基础设施层，使其能将容器化的工作负载部署在云的任意位置，可根据需要在分布式和集中式计算中进行平衡，以获得最佳结果。

类似理念同样适用于边缘计算，LF Edge提出了边缘原生应用（Edge Native Application）的理念，边缘原生指应用不适合或不允许完全在集中式数据中心中运行，但又能尽量复用云原生原则，同时会考虑边缘在资源约束、安全、延迟和自治等领域的独有特性。需要注意的是，“边缘原生”并不意味着开发应用时不考虑云，而是设计时就应充分考虑与上游资源的协同。一个边缘原生的应用，如果不支持集中的云计算资源、远程管理和编排，或者不能充分利用CI/CD的便利，就不是真正的边缘原生应用，而是一个传统本地应用。例如，核电厂的SCADA监控和数据采集系统出于安全考虑，与云没有连接，那么它就是一个传统本地应用。边缘原生的应用给开发人员提供一个通用的基础设施，以便将云原生原理扩展到合适、可用的边缘侧设备上，同时考虑处理固有限制引发的设计上的平衡问题。

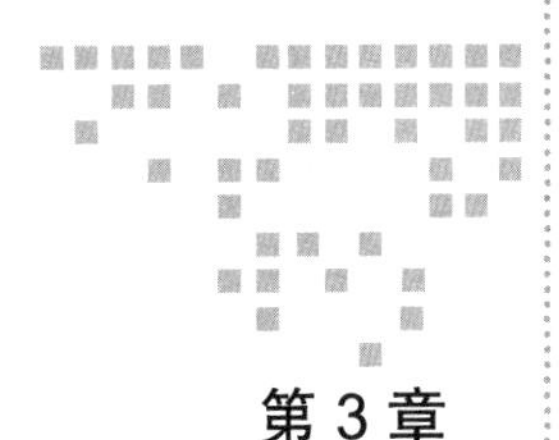

第3章 Chapter 3

5G时代边缘计算目标架构

基于前面介绍的挑战，边缘计算产业联盟（ECC）与工业互联网产业联盟（AII）在2018年11月联合发布了边缘计算参考架构3.0。本章将以这个参考模型为基础，来介绍边缘计算的目标架构。

该参考架构基于模型驱动的工程方法（Model-Driven Engineering，MDE）进行设计，如图3-1所示，可将物理和数字世界的知识模型化，从而实现以下目标：

- 物理世界和数字世界的协作；
- 跨产业的生态协作；
- 减少系统异构性，简化跨平台移植流程；
- 有效支撑系统的全生命周期活动。

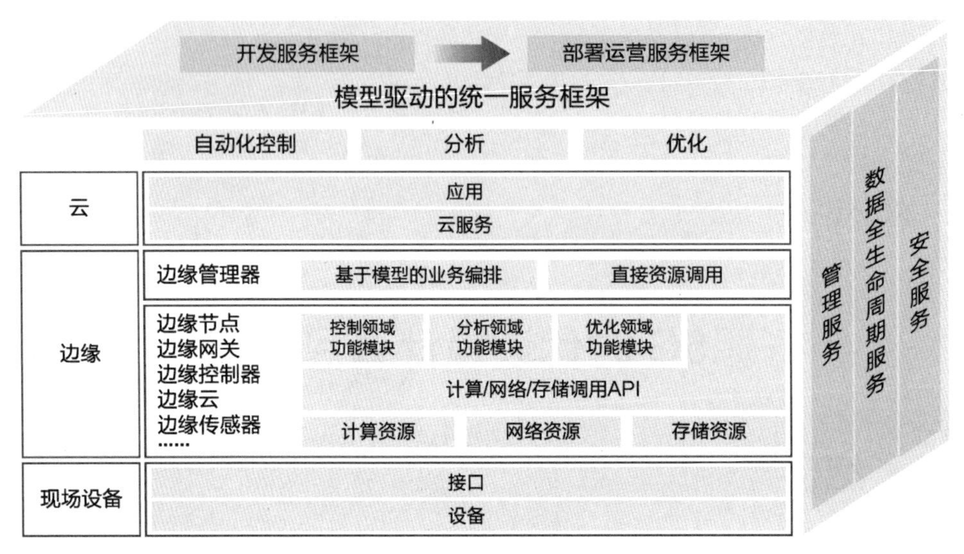

图 3-1 边缘计算参考架构 3.0

参考架构 3.0 的主要内容包括：

- 整个系统分为云、边缘和现场三层，边缘计算位于云和现场层之间，边缘层向下支持各种现场设备的接入，向上可以与云端对接。
- 边缘层包括边缘节点和边缘管理器两个主要部分。边缘节点是硬件实体，是承载边缘计算业务的核心。边缘节点根据业务侧重点和硬件特点的不同，包括以网络协议处理和转换为重点的边缘网关、以支持实时闭环控制业务为重点的边缘控制器、以大规模数据处理为重点的边缘云、以低功耗信息采集和处理为重点的边缘传感器等。边缘管理器的呈现核心是软件，主要功能是对边缘节点进行统一管理。
- 边缘节点一般具有计算、网络和存储资源，边缘计算系统对资源的使用有两种方式：第一，直接将计算、网络和存储资源进行封装，提供调用接口，边缘管理器以代码下载、网络策略配置和数据库操作等方式使用边缘节点资源；第二，进一步将边缘节点的资源按功能领域封装成功能模块，边缘管理器通过模型驱动的业务编排的方式组合和调用功能模块，实现边缘计算业务的一体化开发和敏捷部署。

边缘计算须提供统一的管理服务、数据全生命周期服务和安全服务，以处理各种异构的基础设施、设备形态等，最终达到提升管理与运维运营效率，降低运维成本的目的。

3.1 部署场景

边缘计算按距离由近及远可分为现场层、边缘层和云计算层，如图 3-2 所示。

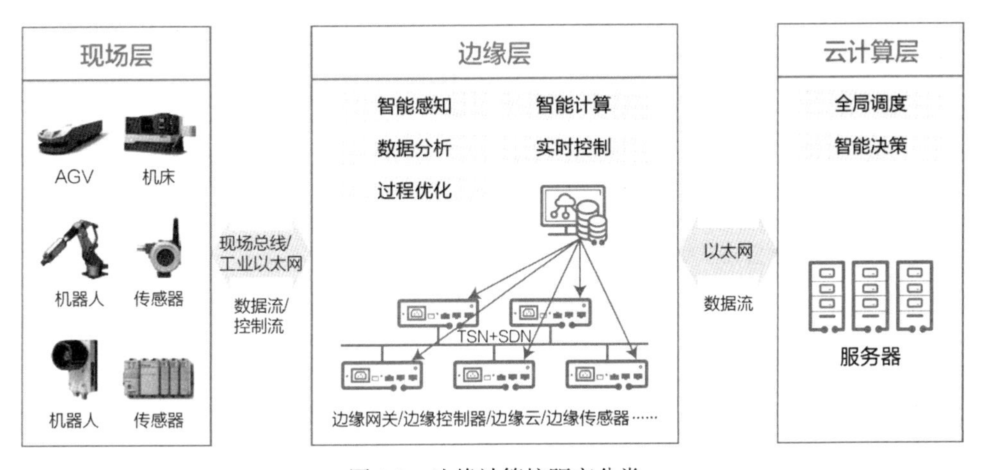

图 3-2　边缘计算按距离分类

1. 现场层

现场层包括传感器、执行器、设备、控制系统和资产等现场节点。这些现场节点通过各种类型的现场网络、工业总线与边缘层中的边缘网关等设备相连接，实现现场层和边缘层之间数据流和控制流的连通。网络可以使用不同的拓扑结构，边缘网关等设备用于将一组现场节点彼此连接以及连接到广域网络。它具有到集群中每个边缘实体的直接连接，允许来自边缘节点的数据流入和到边缘节点的控制命令流出。

2. 边缘层

边缘层是边缘计算三层架构的核心，用于接收、处理和转发来自现场层的数据流，提供智能感知、安全隐私保护、数据分析、智能计算、过程优化和实时控制等时间敏感服务。边缘层包括边缘网关、边缘控制器、边缘云、边缘传感器等计算存储设备，以及时间敏感网络交换机、路由器等网络设备，封装了边缘侧的计算、存储和网络资源。边缘层还包括边缘管理器软件，该软件主要提供业务编排或直接调用的能力，用于操作边缘节点完成相关任务。

当前边缘层的部署有云边缘（KubeEdge）、边缘云（MEC 与此对应）和云化网关三类落地形态。

- **云边缘**：云边缘形态的边缘计算，是云服务在边缘侧的延伸，逻辑上仍是云服务，主要提供依赖于云服务或需要与云服务紧密协同的服务。华为云提供的 IEF 解决方案、阿里云提供的 Link Edge 解决方案、AWS 提供的 Greengrass 解决方案等均属于此类。
- **边缘云**：边缘云形态的边缘计算，是在边缘侧构建中小规模云，边缘服务能力主要由边缘云提供；集中式 DC 侧的云服务主要提供边缘云的管理调度能力。MEC、CDN、华为云提供的 IEC 解决方案等均属于此类。
- **云化网关**：云化网关形态的边缘计算，以云化技术与能力重构原有嵌入式网关系统，云化网关在边缘侧提供协议、接口转换、边缘计算等能力，部署在云侧的控制器提供针对边缘节点的资源调度、应用管理、业务编排等能力。

3. 云计算层

云计算层提供决策支持系统，以及智能化生产、网络化协同、服务化延伸和个性化定制等特定领域的应用服务程序，并为最终用户提供接口。云计算层从边缘层接收数据流，并向边缘层以及通过边缘层向现场层发出控制信息，从全局范围内对资源调度和现场生产过程进行优化。

3.2 功能视图

边缘计算参考架构的功能视图如图 3-3 所示。

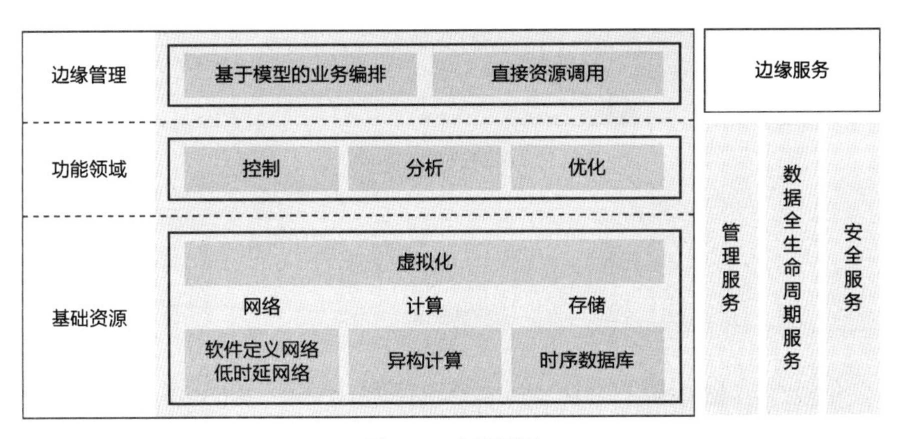

图 3-3　功能视图

3.2.1　基础资源

基础资源包括网络、计算和存储三个基础模块，以及虚拟化服务，其中前三个前面已有介绍，故这里仅对虚拟化服务进行简单介绍。

虚拟化技术降低了系统开发和部署成本，已经开始从服务器应用场景向嵌入式系统应用场景渗透。典型的虚拟化技术包括裸机（Bare Metal，又称裸金属）架构和主机（Host）架构。前者是虚拟化层的虚拟机管理器（Hypervisor）等功能直接运行在系统硬件平台上，然后再运行操作系统和虚拟化功能；后者是虚拟化层功能运行在主机操作系统上。前者有更好的实时性，智能资产和智能网关一般采用该方式。

3.2.2　功能领域

边缘计算的功能模块主要用于控制、分析和优化三个领域。

1. 控制功能

如图 3-4 所示，在工业互联网边缘计算场景中，控制仍然是一个重要的核心功能。控制系统要求对环境可感知且执行要稳、准、快。因此，大规模复杂系统对控制器的计算能力和实时响应要求严格，利用边缘计算增强本地计算能力，降低由云集中式计算带来的响应延迟是面向大规模复杂控制系统的有效解决方案。

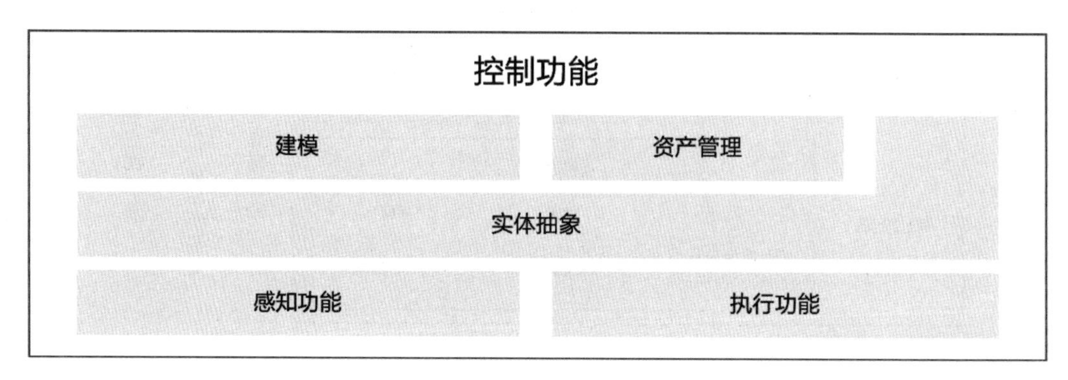

图 3-4 控制功能领域

控制功能主要包括对环境的感知和执行、实时通信、实体抽象、控制系统建模、资产管理等。

- **感知与执行**：感知是指从传感器中读取环境信息。执行是指向执行器中写入由环境变化引起的响应操作。两者的物理实现通常由一组专用硬件、固件、设备驱动程序和API接口组成。
- **实体抽象**：在一个更高的层次通过虚拟实体表征控制系统中的传感器、执行器、同级控制器和系统，并描述它们之间的关系，其中还包含系统元素之间消息传递过程中消息的语义。通过实体抽象，一方面易于控制系统上下文表征，理解感知信息和执行信息的含义；另一方面，虚拟实体将系统硬件软件化和服务化，从而使得系统构建过程中可以纵向将硬件、系统功能和特定应用场景组合，增加开发的灵活性，提高开发效率。
- **建模**：控制系统建模即通过解释和关联从环境（包括传感器、网络设备）中获取的数据，达到理解系统的状态、转换条件和行为的目的。建模的过程是从定性了解系统的工作原理及特性到定量描述系统的动态特性的过程。
- **资产管理**：资产管理是指对控制系统操作的管理，包括系统上线、配置、执行策略、软/固件更新以及其他系统生命周期管理。

2. 分析功能

分析功能主要包括流数据分析、视频图像分析、智能计算和数据挖掘等。

基于流式数据分析可对数据进行即时处理，快速响应事件并满足不断变化的业务条件与需求，加速对数据执行的持续分析。针对流数据具有的大量、连续、快速、随时间变化快等特点，流数据分析需要能够过滤无关数据，进行数据聚合和分组，快速提供跨流关联信息，将元数据、参考数据和历史数据与上下文的流数据相结合，并能够实时监测异常数据。

对于海量非结构化的视频数据，在边缘侧可提供实时的图像特征提取、关键帧提取等基础功能支持。

在边缘侧应用智能算法（例如传统的遗传算法、蚁群算法、粒子群算法；与人工智能相关的神经网络、机器学习等），可完成对复杂问题的求解。在边缘侧提供常用的统计模型库，支持统计模型、机理模型等模型算法的集成，支持轻量的深度学习等模型训练方法。

3. 优化功能

边缘计算优化功能涵盖了场景应用的多个层次，如图 3-5 所示。

- **测量与执行优化：**对传感器和执行器信号的接口进行优化，减少通信数据量，保障信号传递的实时性。
- **环境与设备安全优化：**对报警事件进行优化管理，尽可能早地发现问题并做出响应；优化紧急事件处理方式，简化紧急响应条件。
- **调节控制优化：**对控制策略、控制系统参数（如 PID）、故障检测过程等进行优化。
- **多元控制协同优化：**对预测控制系统的控制模型、MIMO（Multiple-Input Multiple-Output）控制系统的参数矩阵以及多个控制器组成的分布式系统的协同控制进行优化。

- **实时优化**：对生产车间或工作单元范围内的数据进行实时优化以实现参数估计和数据辨识等功能。
- **车间排产优化**：主要包括需求预测模型优化、供应链管理优化、生产过程优化等。

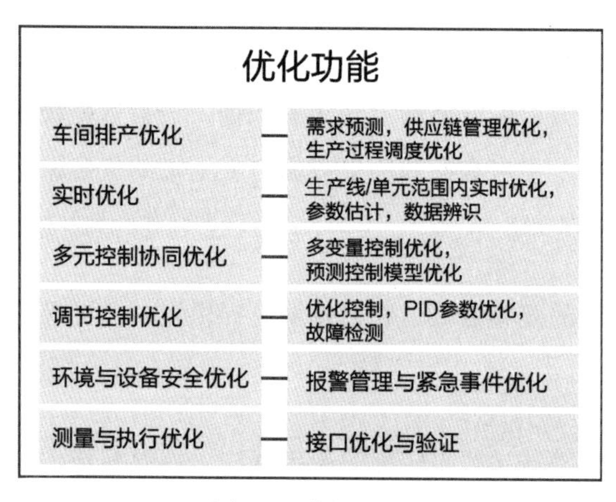

图 3-5 优化功能

3.2.3 边缘管理

边缘管理包括基于模型的业务编排以及对代码、网络和数据库的管理，且采用相同配置模式来进行管理，包括分配版本号、保存配置变更信息等，下面以模型为例来展示边缘管理功能。

边缘计算参考架构 3.0 基于模型的业务编排，通过架构、功能需求、接口需求等模型定义，支持模型和业务流程的可视化呈现，支持基于模型生成多语言的代码；通过集成开发平台和工具链集成边缘计算领域模型与垂直行业领域模型；支持模型库版本管理。

业务编排一般基于三层架构，如图 3-6 所示。

- **业务编排器**：编排器负责定义业务组织流程，一般部署在云端（公有云 / 私有云）或本地（智能系统上）。编排器提供可视化的工作流定义工具，支持 CRUD 操作。编排器能够基于和复用开发服务框架已经定义好的服务模板、策略模板进行业务编排。在下发业务流程给策略控制器前，编排器能够完成工作流的语义检查和策略冲突检测等工作。

- **策略控制器**：为了保证业务调度和控制的实时性，在网络边缘侧会部署策略控制器，以实现本地就近控制。策略控制器按照一定策略，结合本地的边缘功能模块所支持的服务与能力，将业务流程分配给本地的一个或多个边缘功能模块以完成具体实施工作。考虑到边缘计算领域和垂直行业领域需要不同的知识和系统实现，所以控制器的设计和部署往往分域完成。由边缘计算领域控制器负责对安全、数据分析等边缘计算服务进行部署。涉及垂直行业业务逻辑的部分，由垂直行业领域的控制器进行分发调度。
- **策略执行器**：在每个边缘节点内置策略执行器，其负责将策略翻译成本设备命令并在本地调度执行。边缘节点既支持由控制器推送策略，又支持主动向控制器请求策略。策略可只关注高层次业务需求，而不对边缘节点进行细粒度控制，从而保证边缘节点的自主性和本地事件响应处理的实时性。

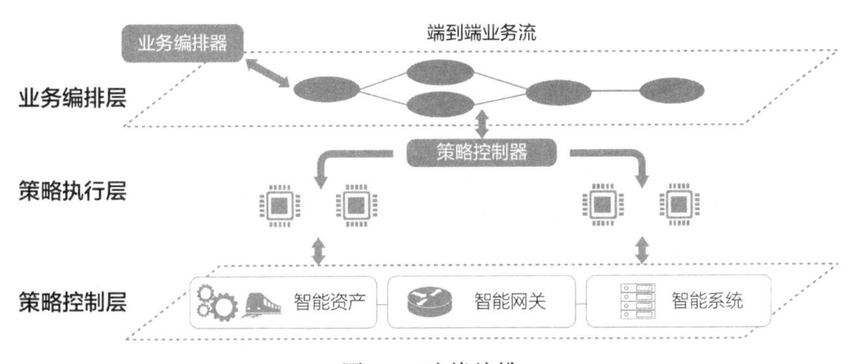

图 3-6　边缘编排

当然，边缘管理功能也允许通过代码管理、网络配置、数据库操作等方式直接操作或调用相应资源，来完成对应的管理任务。代码管理包括对功能模块或代码进行存储、更新、检索、增加、删除及版本控制等操作。而网络管理则可在高层上对大规模计算网络和工业现场网络进行维护与管理，实现对网络资源的控制、规划、分配、部署、监视和编排。数据库管理则针对数据库的建立、调整、组合、数据安全性控制、完整性控制、故障恢复和监控等进行全生命周期的操作。

3.2.4 边缘服务

边缘计算参考架构3.0中的边缘服务包括管理服务、数据全生命周期服务和安全服务。

1. 管理服务

边缘计算参考架构3.0支持面向终端设备、网络设备、服务器、存储设备、数据、业务与应用的隔离、安全、分布式架构的统一管理服务。

边缘计算参考架构3.0支持面向工程设计、集成设计、系统部署、业务与数据迁移、集成测试、集成验证与验收等全生命周期服务。

2. 数据全生命周期服务

边缘数据是在网络边缘侧产生的数据，包括机器运行数据、环境数据以及信息系统数据等，具有高通量（瞬间流量大）、流动速度快、类型多样、关联性强、分析处理实时性要求高等特点，与互联网等商业大数据相比，边缘数据的智能分析有如下特点：

- **因果VS关联**：边缘数据主要面向智能资产，相关系统运行一般有明确的输入、输出的因果关系，而商业大数据关注的是数据关联关系。
- **高可靠性VS较低可靠性**：制造、交通等行业对模型的准确度和可靠性要求高，否则会带来财产损失甚至人身伤亡。而商业大数据分析对可靠性要求一般较低。边缘数据的分析要求结果可解释，所以黑盒化的深度学习方式在一些应用场景受到限制。将传统的机理模型和数据分析方法相结合是智能分析创新和应用的方向。
- **小数据VS大数据**：机床、车辆等资产是人设计、制造的，其运行过程中产生的多数数据是可以预知的，其在异常、边界等情况下产生的数据才是真正有价值的数据。商业大数据分析一般需要海量的数据。边缘数据分析可以通过业务编排层定义数据全生命周期的业务逻辑，包括指定数据分析算法等，通过功能领域优化数据服务的部署和运行，满足业务实时性等要求。

数据全生命周期包括：

- **数据预处理**：对原始数据进行过滤、清洗、聚合、质量优化（剔除坏数据等）和语义解析等操作。
- **数据分发和策略执行**：基于预定义规则和数据分析结果，在本地进行策略执行；或者将数据转发给云端或其他边缘节点进行处理。
- **数据可视化和存储**：采用时序数据库等技术可以大大节省存储空间并满足高速的读写操作需求。利用 AR、VR 等新一代交互技术逼真呈现数据。

3.2.5　安全服务

边缘计算架构的安全设计与实现首先需要考虑：

- 安全功能适配边缘计算的特定架构；
- 安全功能能够灵活部署与扩展；
- 能够在一定时间内持续抵抗攻击；
- 能够容忍一定程度和范围内的功能失效，基础功能始终保持运行；
- 整个系统能够从失败中快速且完全恢复。

同时，需要考虑边缘计算应用场景的独特性：

- 安全功能轻量化，能够部署在各类硬件资源受限的 IoT 设备中，考虑到加解密、证书认证等操作都需要消耗相应的软硬件资源，考虑到边缘设备资源受限的影响，最终的安全方案需要在易用性、成本与安全保障能力方面进行取舍，同时应避免安全性过于依赖中心化资源共享。
- 海量异构的设备接入，部分边缘存在无法持续监管的问题（归属于企业或个人，或网络非持续在线等），存在被黑客篡改或攻击后借助该边缘节点入侵整个系统的风险。传统依赖防火墙或网关实现的基于边界隔离内、外网的安全方案仍是需要的，但还不够。即使在内网，基于一般信任的安全模型也不再适用，需要基于不信任的安全模型，比如按照最小授权原则重新设计安全模型（白名单）等。

- 在关键的设备节点（例如边缘网关）实现网络与域的隔离，对安全攻击和风险范围进行控制，避免攻击由点到面扩展。
- 安全和实时态势感知无缝嵌入整个边缘计算架构中，实现持续的检测与响应。尽可能依赖自动化实现，但是时常也需要人工干预。

安全的设计需要覆盖边缘计算架构的各层级，不同层级需要不同的安全特性，还需要有统一的态势感知、安全管理与编排、统一的身份认证与管理以及统一的安全运维体系，只有这样才能最大限度保障整个架构安全与可靠。所有安全管理模块的示意与关系如图 3-7 所示。

图 3-7 安全管理模块

由图 3-7 可知，安全管理主要涉及如下几项：

- **节点安全**：需要提供基础的边缘计算安全、端点安全、软件加固和安全配置、安全与可靠远程升级、轻量级可信计算、硬件安全开关等功能。安全与可靠的远程升级能够及时完成漏洞修复，同时避免升级后系统失效（也就是常说的“变砖”）。

轻量级可信计算用于计算（CPU）和存储与资源受限的简单物联网设备相关的数据，解决最基本的可信问题。

- **网络安全**：包含防火墙（Firewall）、入侵检测和防护（IPS/IDS）、DDoS 防护、VPN/TLS 功能，也包括一些传输协议的安全功能重用（例如 REST 协议的安全功能）。其中 DDoS 防护在物联网和边缘计算中特别重要，近年来，越来越多的物联网攻击是 DDoS 攻击，攻击者通过控制安全性较弱的物联网设备（例如采用固定密码的摄像头）来集中攻击特定目标。
- **数据安全**：包含数据加密、数据隔离和销毁、数据防篡改、隐私保护（数据脱敏）、数据访问控制和数据防泄露等。其中数据加密，包含数据在传输过程中的加密、在存储时的加密；边缘计算的数据防泄露与传统的数据防泄露有所不同，边缘计算的设备往往是分布式部署，需要考虑这些设备被盗以后，相关数据即使被获得也不会泄露。
- **应用安全**：主要包含白名单、应用安全审计、恶意代码防范、WAF（Web 应用防火墙）、沙箱等安全功能。其中，白名单是边缘计算架构中非常重要的功能，由于终端的海量异构接入，业务种类繁多，传统的 IT 安全授权模式不再适用，往往需要采用最小授权的安全模型（例如白名单功能）管理应用及访问权限。
- **安全态势感知、安全管理编排**：网络边缘侧接入的终端类型广泛且数量巨大，承载的业务繁杂，被动安全防御往往不能起到良好的效果。因此，需要采用更加积极主动的安全防御手段，包括基于大数据的态势感知和高级威胁检测，以及统一的全网安全策略和主动防护机制，从而更加快速地进行响应和防护。再结合完善的运维监控和应急响应机制，则能够最大限度保障边缘计算系统的安全、可用、可信。
- **身份和认证管理**：身份和认证管理功能遍布所有功能层。但是在边缘侧要考虑海量设备接入的诉求，传统集中式安全认证面临巨大的性能压力，特别是在设备集中上线时认证系统往往不堪重负。去中心化、分布式的认证方式和证书管理成为新的技术选择。

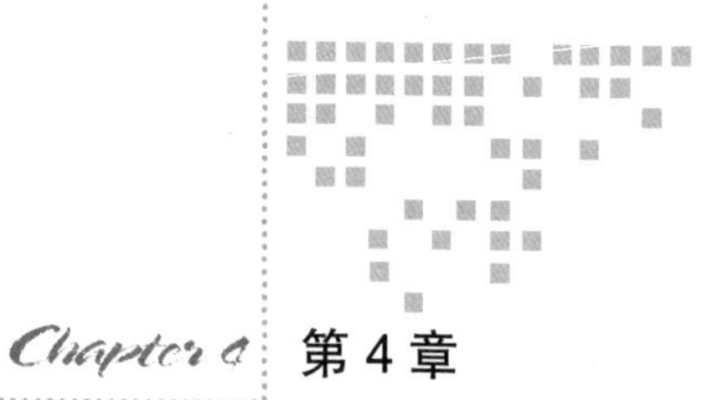

Chapter 4 第4章

LF Edge锚点项目Akraino技术详解

2019年1月，Linux基金会宣布推出LF Edge开源国际组织，目的是为边缘计算建立一个独立于硬件、芯片、云或操作系统的开放式、可互操作的框架。LF Edge将涉及物联网、云和企业的多个优秀边缘计算项目整合在一起，以增强跨平台、社区和生态系统的统一协同能力，从而避免行业分裂。LF Edge基于开源、开放、社区化方式运营，促进最终用户、边缘计算相关供应商和开发人员合作，简化与加速边缘计算应用的创新。

4.1 什么是LF Edge

LF Edge是Linux基金会下聚焦于边缘计算的子基金会组织，旨在为边缘计算建立一个独立于硬件、芯片、云或操作系统的开放式、可互操作的框架。通过召集行业领导者，LF Edge将为硬件和软件标准以及最佳实践创建通用框架，这对于维持当前和未来的IoT与边缘设备至关重要。

- **LF Edge的愿景**：借助最终用户的输入来驱动和提供必要的基础构建模块、框架或参考解决方案，LF Edge的软件和项目可实现边缘平台的快速产品化，以促进边缘计算跨电信服务提供、云提供商、物联网和企业的集成与互操作。

- **LF Edge 的任务**：为产业边缘计算开源创建一个统一的社区，以促进物联网、电信、企业和云的跨行业合作；加快边缘计算的采用和创新步伐；通过提供一个中立的、广泛的平台来捕获和分析需求，从而为最终用户带来价值；促进 LF Edge 各项目之间的协调工作。

在 Linux 基金会的支持下，经过一年的发展，LF Edge 会员总数超过 100 家，季度活跃开发者总数量超过 450 人，代码提交次数超过 2500 次。

LF Edge 包含 5 个初始项目——Akraino Edge Stack、EdgeX Foundry、Open Glossary of Edge Computing、Home Edge 和 EVE，当前已加入 LF Edge 的项目如图 4-1 所示。社区还将推动将多个项目映射到统一的架构中。

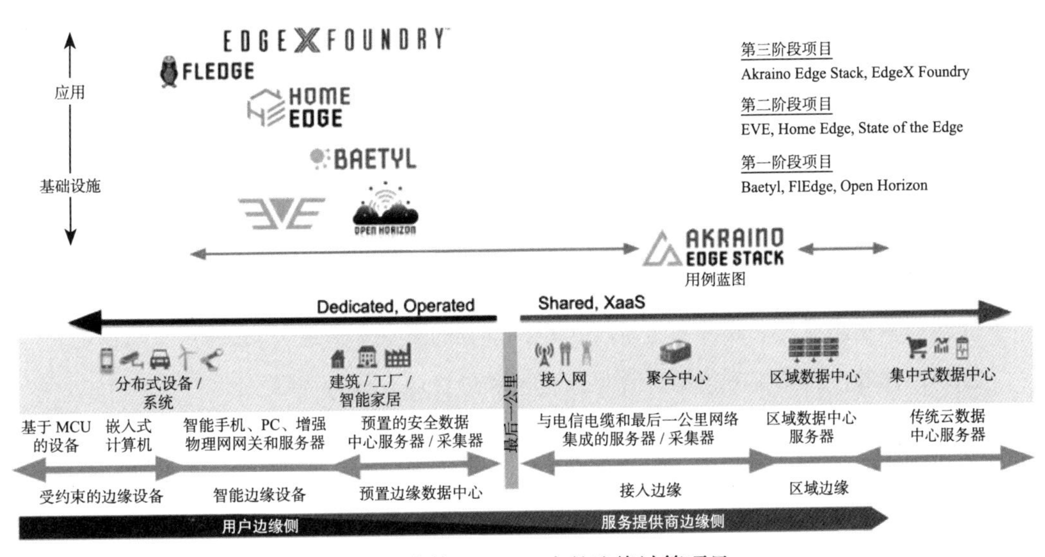

图 4-1　当前 LF Edge 中的边缘计算项目

LF Edge 正在促进跨多个行业的协作和创新，包括工业制造、城市、政府、能源、运输、零售、家庭、建筑自动化、汽车、物流、医疗保健，所有这些都将因边缘计算发生变化。

4.2 Akraino Edge Stack社区简介

2018年3月底在洛杉矶举行的开放网络峰会（ONS）上，Linux基金会推出边缘计算开源项目Akraino Edge Stack，目的是创建一个开源软件堆栈，面向运营商、设备提供商和企业数字化解决方案集成商等，推动边缘计算产业的发展和技术应用。该项目成立伊始就备受业界关注，吸引众多运营商、OTT、设备和芯片供应商、系统方案和集成商等加入。

Akraino Edge Stack是一个开源软件堆栈，是Linux Edge的锚点项目，专注于Edge API、中间件、软件开发套件（SDK）等方向，并允许与第三方云进行跨平台互操作。边缘堆栈还将支持边缘应用程序的开发，并创建带有VNF（虚拟网络功能）的应用程序。

Akraino Edge Stack提供了很高的灵活性，可以快速扩展边缘计算参考框架以实现软件堆栈，帮助产业实现高性能、低时延、高可用性、低运营开销、可伸缩、满足安全需求并可改善故障管理的边缘计算解决方案。

Akraino Edge Stack社区已经发布两个版本（R1和R2），且专注于如下目标：

- **使能更快的Edge创新**。借助社区团队的工作快速创新，将硬件加速、软件定义网络以及其他新兴技术和功能集成到Akraino Edge堆栈中。
- **端到端生态系统**。硬件参考堆栈，提供推荐的配置和边缘VNF的定义与认证。
- **用户体验**。持续提升边缘计算可运营性和最终用户体验。
- **边缘计算与云的无缝互操作性**。构筑跨边缘计算和云互操作的标准。
- **提供推荐的端到端的解决方案**。基于用例，提供经证明有效且由社区认可的端到端集成解决方案。
- **使用和改进现有的开放源代码**。在社区开发并增强上游开源项目功能，同时最大限度利用现有行业投资，避免生态系统进一步分散。
- **瞄准生产就绪代码**。通过设计来提高整个生命周期的安全性。

Akraino需要与LF Edge及LF Networking下面的其他开源项目交互和集成，并充分应用成熟的上游开源项目（如 Kubernetes[㊀]、Airship、Ceph、Docker、Grafana、Prometheus 和 CAdvisor 等）。随着 Akraino 版本演进，可能会应用更多成熟上游开源项目。

4.3　Akraino 社区热点蓝图项目解析

为了支持 Akraino 社区的端到端边缘解决方案，Akraino 使用蓝图（Blueprints）来定义特定的 Edge 用例。蓝图是对整个堆栈进行的声明性配置，比如定义 Edge 平台[㊁]。Edge 平台支持具体的边缘应用场景，需要进行专门的配置或调整。为了方便产业理解和应用 Akraino 社区成果，社区针对具体的边缘用例，开发了一种参考体系结构——声明性配置，其用于定义该参考体系结构中使用的所有组件，例如硬件、软件、管理整个堆栈的工具以及 POD（Point of Delivery，在站点中进行部署的方法）。概括来说，声明性配置是一种针对特定场景的规定性配置，它将由社区开发、测试和发布。Akraino 社区的目的是使用上游社区代码和在社区内开发的代码来支持整个堆栈和生产质量集成。

Akraino 社区每个版本 TSC 都将提供相关标准，并使用完整的 CI/CD 集成和测试来维护 Akraino 蓝图，以支持与引导社区成员开发和应用代码。Akraino 蓝图的定义如图 4-2 所示。

Akraino 门户提供菜单驱动的用户界面，以方便用户在边缘站点选择蓝图种类。选好特定的蓝图后，将使用端到端边缘自动化技术来构建站点。建立站点需要确保机架中以及机架之间（包括与网络机架）的所有计算和控制节点都存在网络连通性。

Akraino 已积累如下 16 个蓝图。

- ❑ 5G MEC System Blueprint Family，5G MEC（多接入边缘计算）蓝图家族。
- ❑ AI/ML and AR/VR Applications at Edge，边缘计算支持 AI/ML 和 AR/VR 应用缩短时延蓝图。

㊀ 可简称为 K8S，以下叙述用简称。

㊁ Edge 平台用于提供边缘 API 和边缘应用工作负载。

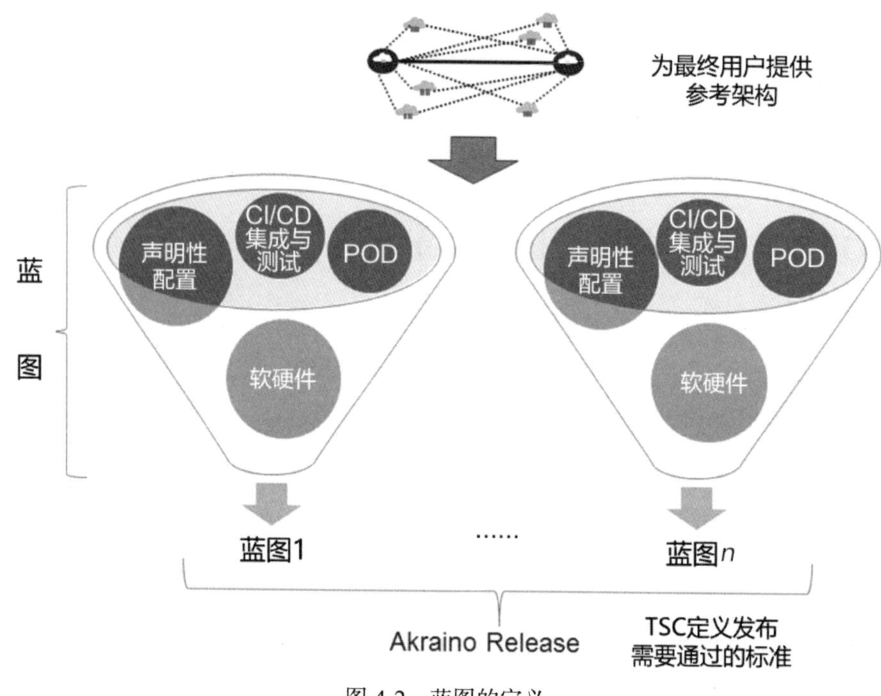

图 4-2 蓝图的定义

- Connected Vehicle Blueprint（CVB），车联网蓝图。
- Edge Video Processing，边缘计算加速视频处理蓝图。
- Edge Lightweight and IoT Blueprint Family（ELIOT），基于边缘计算架构实现的轻量级智能网关和智能 IoT 网关蓝图家族。
- Integrated Cloud Native（ICN）NFV/App stack Family，基于云原生计算和网络框架的边缘计算蓝图家族。
- Integrated Edge Cloud（IEC）Blueprint Family，集成边缘云（IEC）蓝图家族。
- KubeEdge Edge Service Blueprint，KubeEdge 容器边缘服务框架蓝图。
- Kubernetes-Native Infrastructure（KNI）Blueprint Family，基于云原生 Kubernetes 基础架构实现的边缘计算蓝图家族。
- Micro-MEC，微型 MEC 蓝图。
- Network Cloud Blueprint Family，电信网络虚拟化云蓝图家族。
- Public Cloud Edge Interface（PCEI）Blueprint Family，公有云与边缘计算协同接口

蓝图家族。

- StarlingX Far Edge Distributed Cloud，基于 StarlingX 开源项目的远端边缘分布式云蓝图。
- AI Edge Blueprint Family，边缘 AI 蓝图家族。
- Time-Critical Edge Compute，用于工业的时间敏感边缘计算蓝图。

下面将挑选社区参与和讨论较多、成熟度相对较高的蓝图进行详细介绍。

4.3.1　5G MEC System Blueprint Family

该蓝图家族整合、利用了 MEC 和网络切片技术，重点用于云游戏、高清视频和直播。MEC 是一种新兴的架构，在 5G 网络和云计算基础设施之间架起了一座桥梁。网络切片是一种和 SDN、NFV 同属一个家族的虚拟网络架构，网络切片允许在共享的物理基础架构上创建多个虚拟网络。

该蓝图家族的重点是支持多样化的边缘计算环境，如企业、移动接入站点、移动回传至中心局，以及支持云游戏、高清视频和直播等应用，其整体架构由以下模块组成。

- **管理与服务框架：**主要用于管理各种应用程序和平台软件，以及编排容器应用；控制各种边缘计算服务的生命周期；负责服务发现和服务注册以及信息沟通。
- **边缘网关：**这是边缘 PaaS 的主要模块之一。其从具有本地路由的数据平面、控制平面实现数据分流。
- **边缘连接器：**这也是边缘 PaaS 的主要模块之一。边缘连接器作为 5G 和应用之间的桥梁，使边缘计算实现了动态数据分流和管理。它从控制与移动网络开放能力进行交互以及在终端和边缘应用之间订阅边缘切片两方面实现了灵活的数据分流。5G MEC 蓝图家族的整体架构如图 4-3 所示。

5G MEC 蓝图家族规格如表 4-1 所示。

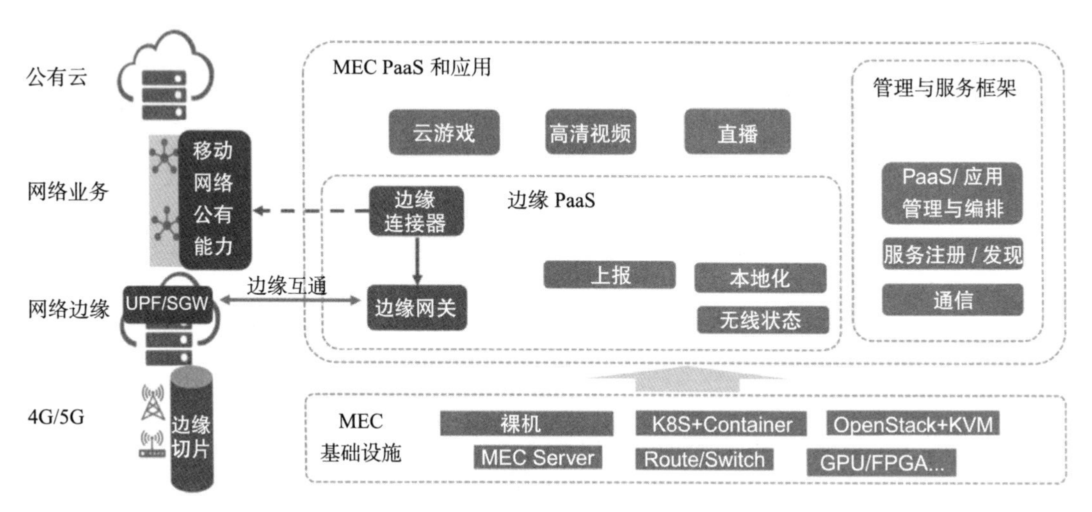

图 4-3　5G MEC 蓝图家族整体架构

表 4-1　5G MEC 蓝图家族规格说明表

属　性	描　述
类型	支持云游戏、高清视频和直播
用例	① 针对访问站点或企业中的 MEC 进行的小型部署 ② 针对中心局中的 MEC 进行的中等部署
初始 POD 成本（capex）	最低配置是 5 台服务器，包括 5G 系统（3 台服务器）、MEC PaaS（1 台服务器）、应用服务器（1 台服务器）
服务器类型	同时支持 x86 和 ARM 服务器
应用	任何需要高带宽和低时延的应用程序，包括但不限于：云游戏、高清视频、直播
功率限制	小于 10kW
基础架构编排器或协同器	云基础架构协调器：OpenStack、StarlingX PaaS：K8S、Docker SwARM 操作系统：Ubuntu 16.x、CentOS 7 系统管理程序：KVM、QEMU 网络：VPP、F-Stack SDN：SR-IOV、OVS-DPDK、VPP-DPDK
负载类型	裸机、虚拟机和容器
其他细节	云游戏、高清视频或直播应用程序可以通过 GPU 或 FPGA 加速来支持高密度媒体流处理

4.3.2 AI/ML and AR/VR Applications at Edge

该蓝图是 MobilEdgeX 和 Juniper Networks 公司在 Akraino 社区联合推出的项目，该项目的目标在于：提供带有可编程 NIC，提供嵌入式 FPGA 的交换机，使 I/O 加速具有可编程性，提供 AR/VR 工作负载放置，满足 AR / VR 应用程序入门边缘堆栈的低时延需求。

该蓝图构想包括：

- 提供可编程软件定义网络矩阵结构（Fabric），用于控制进入应用程序的数据包的生命周期。
- 降低每字节的计算周期，以及 I/O 和存储成本。
- 在商用硬件上实现高性能。
- 切片流量以提供某些 SLA。
- 提供嵌入式安全。

该蓝图的价值包括以下几方面。

- **可编程性**：统一网络 Fabric、主机、VM、容器的可编程模型。
- **针对每个租户的 SLA 合同提供网络切片编程功能**。
- **多个数据平面选项**：SRIOV、硬件 offload-vrouter。

该蓝图规格如表 4-2 所示。

表 4-2 AI/ML and AR/VR Applications at Edge 蓝图规格说明表

属性	描 述
类型	用于在边缘启用 AI/ML 和降低 AR/VR 时延的蓝图
用例	引入可编程 NIC 提升交换机可编程性，引入嵌入式 FPGA，实现 I/O 加速，满足 AI/ML 工作负载部署要求，降低边缘堆栈中 AR/VR 应用程序对低时延的需求
初始 POD 成本（CAPEX）	利用白盒、标准 NIC 来降低初始 POD 的成本，POD 的总成本取决于所需的硬件配置文件和外围设备
规模和资源类型	支持裸机、虚拟机和容器，最小的 Cloudlet 最少需要 9 台虚拟机，而大型 Cloudlet 可以跨越 8 个集群
应用	AI/ML 流工作负载和 AR/VR 应用程序
功率限制	小于 10kW
基础架构编排器或协同器	• OpenStack Queens 或以上版本 • Docker 1.13.1 或更高版本 • Kubernetes 1.10.2 或更高版本 • Ubuntu 16.x，CentOS

（续）

属性	描 述
SDN	Tungsten Fabric 的 vRouter, DPDK 的 vRouter, SR-IOV 和标准 SmartNIC
负载类型	容器 over 虚拟机或裸机
其他细节	• 在硬件上运行，支持 x86、ARM、SoC 等异构芯片 • 支持部分或全部 NIC 卸载（Intel，Netronome，Mellanox） • 未来会支持 eBPF 或 XDP 的卸载

4.3.3 Connected Vehicle Blueprint

车联网是将车辆连接到周围环境的应用程序、服务和技术的总称。所连接的车辆中存在的不同通信设备（嵌入式或便携式），这些通信设备能够与车辆中存在的其他设备进行车内连接并使车辆与外部设备、网络、应用程序和服务连接。应用包括交通安全和效率、信息娱乐、停车辅助、路边辅助、远程诊断、远程信息处理、自动驾驶汽车和 GPS（全球定位系统）等所有内容。车联网的功能包括自适应巡航控制、自动制动、合并 GPS 和交通警告、连接至智能手机、向驾驶员发出危险警告、帮驾驶员了解盲区等。车联网可通过交换一定范围内的车辆安全信息（例如位置、速度和方向）来减轻交通冲突并改善交通拥堵，也可以补充主动安全功能，例如前向碰撞警告和盲点检测。另外，因为允许在车辆之间交换传感器和感知数据信息等，车联网有望成为自动驾驶的基本组成部分。

车联网蓝图（Connected Vehicle Blueprint，CVB）目前是 Akraino 社区提出的一个独立的边缘计算蓝图，意在搭建一个用于部署车联网的边缘平台。该项目于 2019 年 7 月 30 日发布，由腾讯云硅谷提供测试和模拟实验室，腾讯、ARM、英特尔和诺基亚已确认参加。

表 4-3 所示是 Akraino 社区针对车联网 MEC 平台提出的蓝图方案。

表 4-3 Akraino 社区对车联网 MEC 平台提出的蓝图方案

属性	描 述
类型	LF Edge 的新蓝图，为车联网用例建立 MEC 边缘平台
用例	用于车联网的 MEC 平台
初始 POD 成本（资本支出）	最低配置：4 台服务器 MEC 平台（1 台服务器）+ 应用服务器（1 台服务器）+ 模拟器（2 台服务器）

（续）

属性	描　述
规模和类型	最多 4 台 ARM / x86 服务器
应用	可以用于连接车辆的 MEC 平台，数据流如下： • 抓取交通或车辆信息； • 将交通或车辆信息发送到相应的边缘处理单元，其中调度策略可以配置； • 在边缘或者云端处理数据并为车辆驾驶员提供下一步操作建议； • 将操作建议的指示发送给车辆驾驶员
功率	小于 6kW 每台服务器的最大功耗约为 1.5kW，1.5k × 4 = 6kW
基础设施编排	Docker + K8S 虚拟机 +OpenStack / StarlingX
PaaS 层	Tars
网络	OVS、DPDK、VPP
负载类型	裸机、虚拟机、容器
跨项目依赖关系	OpenStack、K8S、Docker、DPDK、OpenNESS、OVS 等

Akraino 车联网蓝图的目的是为车联网用例建立一个 MEC 边缘平台，因此该蓝图主要关注 MEC 平台，为车联网提供服务。在短期内看，该蓝图要找出将数据发送到相应的车辆边缘应用（策略）以及将处理结果循环发送回车辆的方式。从长远来看，将采用更多高级车联网的应用程序，这些应用程序将被 MEC 平台支持。总之，该蓝图意在为车联网建立一个全栈（从硬件到软件应用程序）的解决方案。

车联网蓝图是 Akraino 认可的蓝图，并且是 Akraino Edge Stack 的一部分。该项目专注于在 Edge Computing 上运行的互联车辆应用。

表 4-4 中列出了车联网蓝图的用例。R2 是车联网蓝图的第一个版本，对于该版本，我们发布了微服务平台 Tars，它支持对多个连接的车辆应用程序进行部署、管理、协调和监控。

表 4-4　车联网蓝图的用例

用例	价值主张
精确定位	在定位精度上比现在的系统提高 10 倍以上。GPS 系统定位精度是 5 ～ 10m，在边缘计算的帮助下，将其降到小于 1m 是可能的
智慧导航	实时进行交通信息更新，时延从之前的分钟级降到现在的秒级，为司机找出最有效的出行方式

（续）

用例	价值主张
安全驱动器的改进	找出司机看不到的潜在风险，预防交通事故
减少交通违章	让司机了解特定区域的交通规则。例如，避免在单行道上逆向行驶，避免在单行道上拼车等。

车联网蓝图的架构中的关键组件如下：

- 通用硬件、ARM 或 x86 物理服务器。
- 车联网的 MEC 平台：分发模块、车联网 App 管理和编排模块。
- Tars 微服务平台。
- IaaS 层使用 OpenStack 或 StarlingX+ 虚拟机、K8S+ 容器。

通用硬件和 IaaS 软件的结合为车联网提供了灵活的部署功能。Tars 是一个微服务框架，可以管理、监视、部署边缘和数据中心中连接的车辆应用程序，Tars 可以灵活部署在裸机、虚拟机以及容器中。互联车辆应用程序是实现准确定位、智能导航、安全驾驶和更少交通违规的智能应用。

图 4-4 所示是 Tars 的一般体系结构，Tars 是 R2 版本中的主要组件。

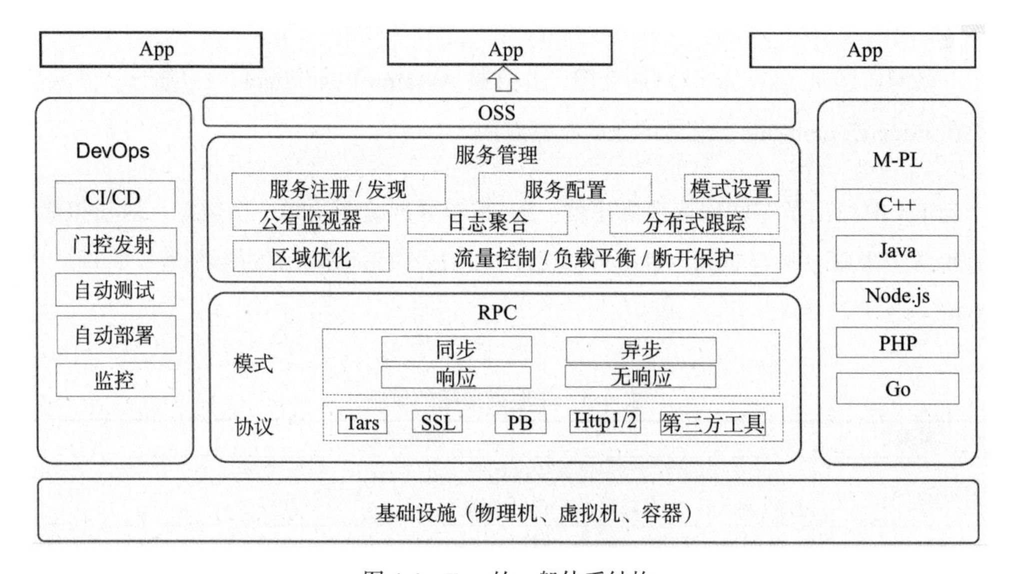

图 4-4　Tars 的一般体系结构

我们可将 R2 版本部署在 Amazon Web Service（AWS）中，详细硬件条件如表 4-5 所示。

表 4-5 硬件条件

CPU+ 内存	驱动所需存储空间	部署
8 核 ×16GB	15GB	主 Jenkins
8 核 ×16GB	10GB（程序空间）+50GB（数据空间）	TarsFramework
8 核 ×16GB	10GB（程序空间）+20GB（数据空间）	TarsNode + 应用

除 AWS 之外，我们还将其部署在 CI Lab 的 Ampere POD 1 中。目前，车联网蓝图已经被部署在 AWS 的三个虚拟机中。图 4-5 描述了部署体系结构。

- 服务器 A：部署 Jenkins；
- 服务器 B：部署 Tars 主节点；
- 服务器 C：部署 Tars 从节点和连接车辆应用程序。

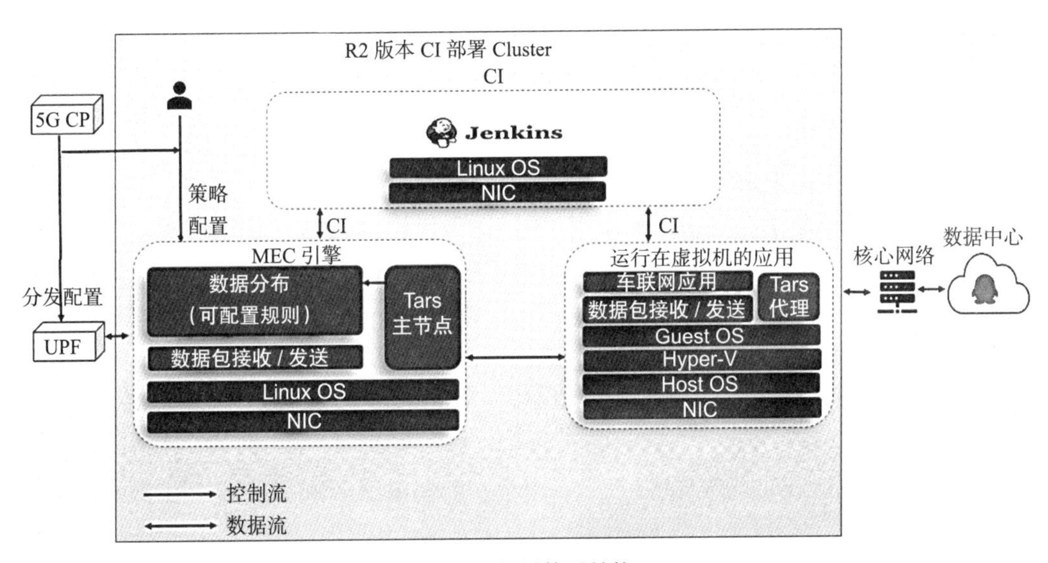

图 4-5 部署体系结构

R2 部署环境包括 CentOS 7 的 CentOS-7_aarch64-AM-012355FC520B79A12 和适用于 Linux（aarch64）的 MySQL Ver 14.14 Distrib 5.6.26（使用 EditLine wrApper）。

4.3.4 IEC Blueprint Family

IEC（Integrated Edge Cloud，集成边缘云）蓝图家族旨在打造全集成的边缘基础设施解决方案。它提供了管理、编程等多种接口，可以快速部署和管理相关边缘设备。该开源软件栈提供了必需的基础设施，以提高性能、降低时延、提升可用性、降低运营开销、提供扩展能力、满足安全需求和改进故障管理。IEC蓝图家族涉及的关键技术包含Kubernetes和Docker技术。该蓝图是ARM公司在主导。

1. 模块设计

IEC蓝图家族逻辑模块由边缘云和远端边缘端组成，支持ARM64和x86机器，如图4-6所示。

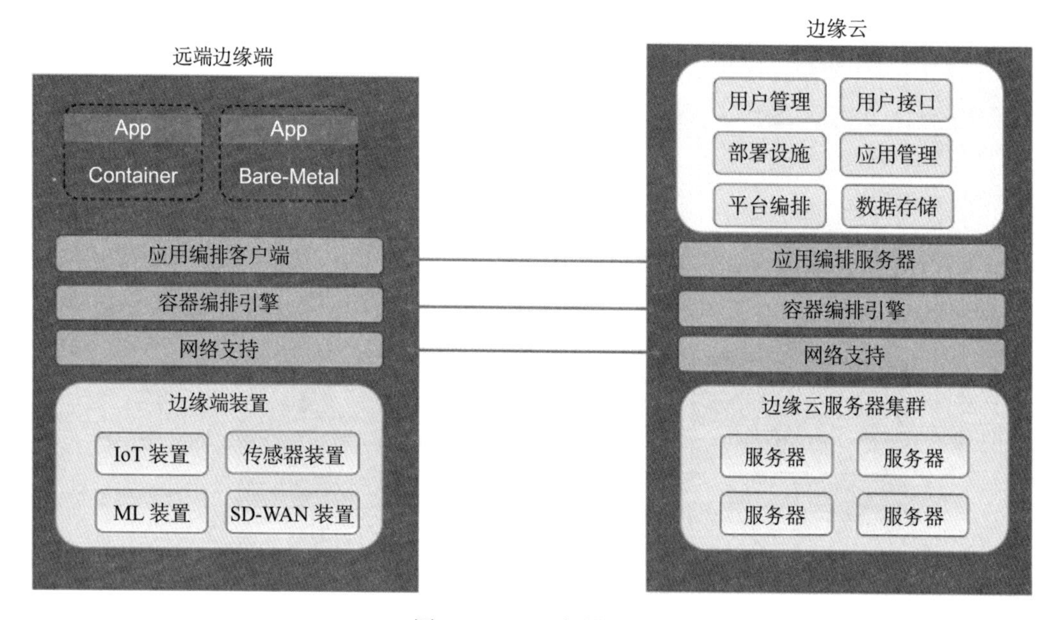

图4-6　IEC逻辑模块图

由上图可知：

❑ **边缘云模块**：边缘云组件包括应用编排服务器、容器编排引擎、边缘云服务器集群，以及与用户管理、应用管理等相关接口。Kubernetes Master 节点运行在边缘云上，借助 Docker 容器实现对内部应用和容器的编排。边缘云有不同的特性组合，可以快速、便捷地部署和管理边缘应用。

- **远端边缘端模块：** 远端边缘端可以是以容器化镜像形式运行的边缘应用，也可以是运行在裸机服务器上的边缘应用，还可以是应用编排客户端、容器编排引擎和网络支持。Kubernetes 节点位于远端边缘端。目前，Calico 项目作为 CNI（容器网络接口），用于容器组网。Calico 具有高性能、可扩展、策略使能、易安装等特点，且拥有广泛使用的 CNI 接口，并且支持 ARM 64。Contiv/VPP 和 OVN-Kubernetes 支持 DPDK 使能的高速互联网接入，因此未来可用于网络。

边缘参考栈组件如表 4-6 所示。

表 4-6　边缘参考栈组件

分类	组件	描　述
边缘硬件平台	网络边缘平台	ARM Cortex 8.x-A 核 集成硬件加速器 下一代 ARM CPU 和定制的 CPU
	边缘服务器	华为泰山、Marvell ThunderX、Ampere ARM64
	边缘端设备	Marvell MACCHIATObin Double Shot、ARM 设备
	云端边缘服务器	ARM 云端边缘服务器 基于 CCIX / PCIe（智能网卡）的加速器扩展 下一代 ARM CPU 和定制的 CPU
Linux 发行版	实时 Linux 发行版	实时开源内核的 Linux 发行版
	微型 Linux 发行版	受资源限制的边缘环境下的微型 Linux 发行版
数据面解决方案	DPDK	运行在 ARM SoC 上的一套用于加速报文处理工作的开源库
	Open vSwitch	通过硬件卸载加速的虚拟交换机的开源协议
	VPP	高性能、开源的虚拟交换或路由解决方案

IEC 蓝图家族部署架构如图 4-7 所示。

参考集群平台由 3 个节点（裸机或虚拟机）组成：

- Kubernetes Master 节点；
- Kubernetes Slave 节点；

❑ Calico、Flannel、Contiv 等 CNI 节点。

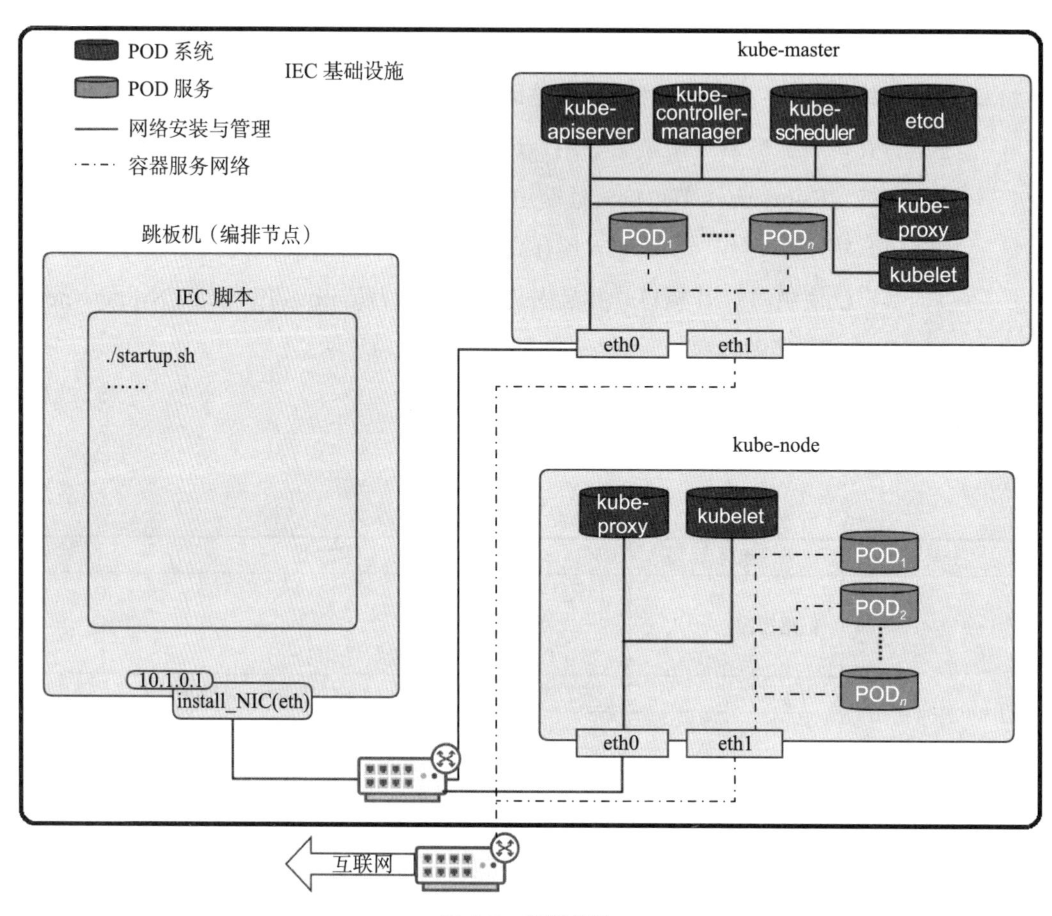

图 4-7 部署架构

IEC 蓝图家族需要一个额外的管理和编排节点（常被称为跳板机或编排节点）来执行安装流程。如果所有节点都是同一台机器上的虚拟机，该机器就是一个跳板机。这种部署类型属于虚拟部署，主要用于开发和测试，而非生产。

在部署 IEC 蓝图家族时，Kubernetes Slave 的默认数量是 2，也可以使用更多或更少的 Slave。目前，假定所有集群节点架构相同（aarch64 或 x86_64），所有机器（包括跳板机）位于同一网段。

2. 应用场景

IEC type1（小边缘）和 IEC type2（中边缘）是 IEC 平台两大主要分支，它们的主要目的是广泛使能和实现新特性，并提供网络边缘侧业务模式。

IEC 蓝图家族的小边缘和中边缘类型主要关注中小型电信应用。

IEC type 1 适合低功率设备。现在我们选择 MACCHIATObin 单板作为主硬件平台，但 Contiv-VPP Master 版本不支持在此单板上运行。IEC 团队在 v3.2.1 版本的基础上开发了新特性，使 Contiv-VPP 支持在 MACCHIATObin 单板上运行。该特性涉及 fd.io/VPP、ligato/vpp-Agent、contiv/VPP 等代码变更，后续会将相关修改提交到上游社区。

4.3.5　AI Edge Blueprint Family

边缘计算层最初是为了解决物联网的本地计算、存储等问题。不能上云处理和分析的敏感数据，也应在边缘侧进行处理，以降低访问或修改云上数据的时延。

MEC 将对流量和业务的计算从集中化云转移至网络边缘，以便更加贴近客户。网络边缘需要分析、处理和存储数据，无须将数据发送到云端进行处理。在更贴近客户侧进行数据采集和处理，降低了时延，增强了大带宽应用的实时性。

边缘 AI 蓝图家族项目被作为 Akraino 社区蓝图提出和开发，就是为了将人工智能边缘的力量与 MEC 结合起来。该项目计划建立一个开源 MEC 平台，通过与边缘 AI 能力结合，将容器编排能力应用于安全、保密、监控等业务。边缘 AI 蓝图家族由百度、ARM 和英特尔联合提出。

边缘 AI 家族涉及的关键组件：

- Kubernetes：1.12.5 及以上；
- Docker：1.13.1 及以上版本；
- Kata 容器；

- OTE（Over The Edge）栈；
- MEC（多址边缘计算）。

1. 模块设计

边缘 AI 蓝图家族的网络架构由终端、边缘站点以及公有云或私有云组成。AI 边缘网络架构中，数据从终端采集后，由边缘站点进行处理，最后存储在云端。

- **终端：** 终端是指边缘计算中采集数据的设备。从终端设备采集到的数据传送至边缘站点进行分析、处理、计算、配置等操作。
- **边缘站点：** 边缘站点提供视频处理枢纽、结果分析、视频分析模型、数据同步、配置、计算等功能。边缘站点由 OTE（Over The Edge）栈组成，包括 CDN（内容分发网络）服务器、MEC 服务器、企业服务器、GPU、CPE 以及通用服务器。
- **公有云、私有云：** 终端站点的数据处理完成后，需要将数据通过流传输到公有云或私有云存储进行，如图 4-8 所示。

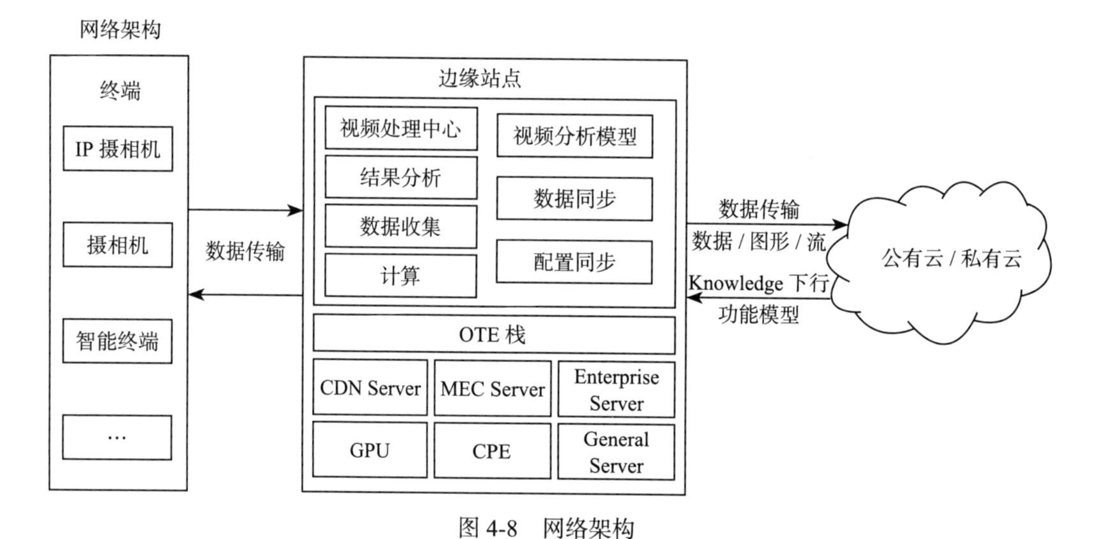

图 4-8　网络架构

AI 边缘蓝图家族采用如下 MEC 软件架构：

- **边缘资源：** 边缘资源可以是用于 CDN 节点、MEC 节点、生成由 MEC 堆栈处理的数据的集群或机器。内容分发网络中的节点采用分布式架构，节点通过计算用户的地理位置来传送用户请求的数据。例如，最接近用户物理位置的节点将发送用户请求的数据，这样可减少时延。

- **IaaS**：IaaS 解决网络技术和存储的问题。IaaS 的主要组件有 Docker 容器、Kata 容器、KVM、CPU、内存、GPU、组网、带宽和存储。在过去几年，容器组网技术占据了市场主导地位。Docker 是应用最广泛的一种容器组网和编排技术，它可提供比传统虚拟机更轻量级的编排能力。Kata 容器是 Docker 容器外的另一个选择。与 Docker 容器相比，Kata 容器提供了更好的安全性和隔离性。KVM 也是广泛使用的组网环境。KVM 可以替代 Docker、K8S 和 Kata 等容器环境，它内部使用虚拟机提供组网能力。
- **PaaS**：PaaS 层维护在 IaaS 层中生成的容器镜像，以及实现 MEC 堆栈的更多功能特性。其他功能主要包括负载均衡、集群控制、边缘流量接入、故障管理、微服务框架日志生成、AI 优化、MEC 集群垫片、应用部署、调度等。这些功能组件与开源 API 以及 OTE 栈网络相耦合。OTE 栈是 5G 和 AI 边缘计算平台。通过虚拟化，它可以解决异构问题，实现云边缘、移动边缘和私有边缘的统一接入。通过 AI 技术对多层集群进行管理和智能调度，在边缘提供低时延、高可靠、低成本的最优计算能力，同时 OTE 栈使得设备边缘云协同计算成为可能。
- **边缘场景及解决方案**：PaaS 层通常与下一层交互，提供边缘解决方案，如边缘无服务器、边缘转码、车用无线通信技术（V2X)、4K/8K 视频、AR、VR、云游戏等。
- **物理拓扑**：物理拓扑包括集群适配、Kubernetes API 服务器、节点和集群控制器及相关组件。集群适配层主要负责接入不同类型的集群，将节点连接到 Kubernetes API 服务器。集群控制器包括集群选择器、集群调度器、集群操作员、路由器、边缘通道、边缘处理程序、云通道和云处理程序。集群控制器负责维护树形拓扑。集群选择器、调度器和操作员与集群垫片和 Kubernetes API 服务器交互，将集群拓扑中处理后的数据从控制器共享到集群中连接的节点上。边缘通道和边缘处理程序连接父节点并处理相关命令。路由器通常维护所有集群的路由表。云处理程序和云通道负责子集群的连接。

AI边缘采用IEC作为边缘基础设施，与现有的整合边缘云蓝图架构相结合，AI边缘组件可以集成到集群中，提供更可靠的边缘基础架构。

IEC可使用Kubernetes原生、Kubeflow和EdgeX的轻量级应用进行编排。AI边缘使用OTE栈微服务框架中的OTE微服务代理，通过运行在容器化环境以及裸机环境中的AI边缘应用，配合现有的IEC轻量级应用编排工具，提供业务管理功能。OTE集群控制器通过IEC适配层与IEC API交互，使得API级数据流更加可靠。

2. 应用场景

边缘AI蓝图家族的应用场景有以下几种

- **安全监测/火灾探测**：对工业园区、社区等人流密集场所进行烟雾监测，快速监测是否有火灾发生，减少火灾造成的损失，提高区域安全性。
- **课堂集中度分析**：全面评估全体学生和学生个体的集中程度，帮助教师和学校充分了解教学情况，根据各门课程的集中程度数据，针对性地进行班级知识测试和强化。
- **工厂安全生产**：通过识别员工是否佩戴安全帽、安全手套等，对车间员工的工作进行监督和评估，帮助公司全面、及时了解安全生产状况。统计结果和分析数据可作为加强安全生产管理水平的参考。
- **厨房卫生监控**：监督餐饮业厨房员工吸烟和使用手机的行为，确保食品生产过程的安全和卫生。

4.3.6 Edge Lightweight and IoT Blueprint Family

AR、自动驾驶、无人机和智能城市等新技术的快速发展，因此更加需要在边缘站点而不是在中心站点上进行更快的实时处理。为了更好地解决这一难题，边缘计算进入了人们的视野。边缘计算使用流行的云化技术使处理和存储功能更接近端侧，这项技术大大降低了成本，并能加快处理速度，以满足应用程序在时延方面（小于20 ms）的要求，除此之外，边缘云解决方案还将满足本地和全球数据隐私要求。

ELIOT（Edge Lightweight and IoT）蓝图家族是Akraino批准的蓝图项目，由华为公司提出，是Akraino边缘解决方案中的一部分。该项目的目标是开发一个完全集成的边缘网络基础设施，同时让边缘计算应用可以运行在这个轻量级边缘节点上。ELIOT蓝图家族聚焦在开发一个可以部署在边缘节点上的轻量级软件栈，通过开发轻量级OS和容器运行时环境来解决边缘节点硬件和计算资源有限的难题。ELIOT蓝图家族提供了边缘计算基础设施层的搭建功能，在该基础设施层上将可以实现：应用程序在边缘节点的无缝部署，对节点资源及ELIOT拓扑状态的监控。

ELIOT蓝图家族包括三个蓝图：

- ELIOT AIoT in Smart Office，ELIOT智联网智慧办公蓝图；
- ELIOT IoT Gateway，ELIOT物联网网关蓝图；
- ELIOT SD-WAN/WAN Edge/uCPE。

后面会重点介绍ELIOT AIoT in Smart Office蓝图和ELIOT IoT Gateway蓝图。

1. 模块设计

ELIOT架构由一个称为ELIOT Manager的中央控制器和多个ELIOT节点组成。ELIOT平台同时支持ARM和x86机器，一个ELIOT拓扑中可以有1个或多个ELIOT节点。ELIOT主要使用Docker作为容器化平台，使用Kubernetes进行应用程序编排。

- **ELIOT Manager**：ELIOT架构里的中央控制器。ELIOT Manager将连接到所有ELIOT节点，它负责部署应用程序，加载边缘节点或为边缘节点上运行的应用程序配置所需的数据。它还负责从所有ELIOT节点收集各种资源指标，并且通过使用像Grafana这样的开源仪表板来显示数据。ELIOT Manager可以在云虚拟机或专用的中央服务器上运行，该服务器可与所有ELIOT节点进行网络连接。ELIOT Manager将使用Ubuntu或CentOS等操作系统，Kubernetes Master在ELIOT Manager节点上运行，以编排容器化应用程序并形成集群。

- ELIOT Node：ELIOT节点，是一种边缘节点，它将靠近各种设备并运行各种边缘计算应用程序。ELIOT节点与x86、ARM机器都兼容，并具有轻量级堆栈，有关详细信息如图4-9所示。在ELIOT节点上容器的监控或任何应用程序的运行参数都将被发送到ELIOT主节点。

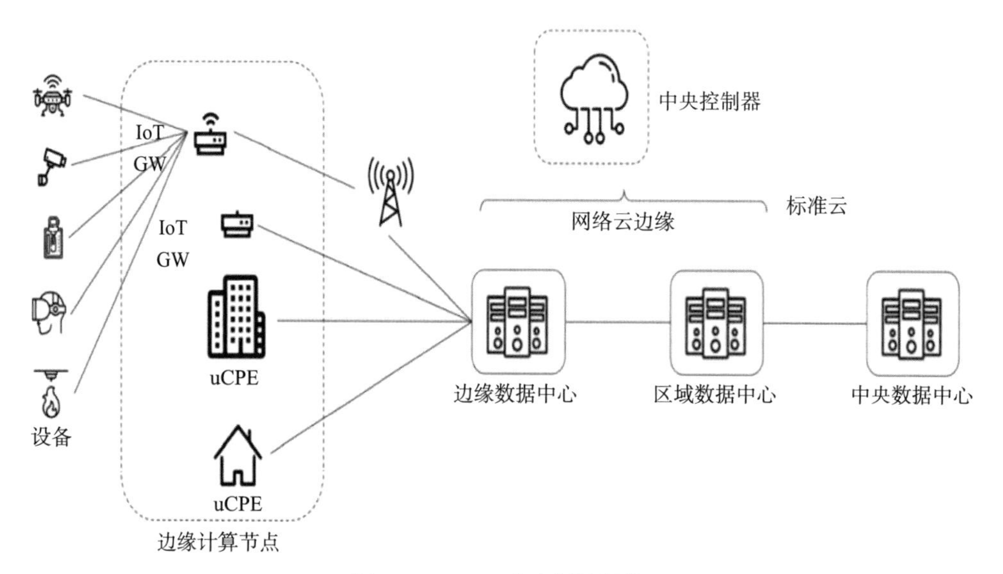

图4-9 ELIOT节点拓扑结构

2. 关键特性

AI边缘网络的特性如下：

- 支持分别通过Kubernetes和KubeEdge管理ELIOT节点和设备。
- 支持使用cAdvisor和Prometheus在ELIOT Manager中完成对所有边缘节点的资源监视。
- 支持多平台架构，同时支持x86和ARM机器。
- 支持在云和边缘节点上进行异构部署。
- 平台支持边缘计算的不同IoT网关用例，视频分析就是在此平台上进行验证的用例。
- 用于在ELIOT环境中搭建和清理Bootstrap脚本。

3. 应用场景

AI 边缘网络的主要应用场景如下：

1）**IoT 网关：**谈及 IoT，通常离不开通过网络与其他设备、人员进行通信的网关设备，IoT 网关不仅可以作为通信桥梁，还可以将原始数据传送至中央服务器进行就近处理。

2）**SD-WAN 网关：**SD-WAN 是一种可以快速部署的、低成本的、具有高灵活性的广域网专线解决方案。SD-WAN 网关是 Universal CPE，也是一种用户边缘设备，可灵活支持各种虚拟化 VAS。

- **混合 WAN 网络：**在广域网（WAN）上基于软件定义的广域网（SD-WAN）技术，面向企业提供灵活、安全的专线连接方案。
- **混合云部署：**结合公有云和私有云进行的混合部署和应用。由于安全、控制和弹性需求，并非所有的企业信息都能放置在公有云上，因此大部分已经应用云计算的企业都会使用混合云模式。

4.3.7　ELIOT AIoT in Smart Office

ELIOT 智联网智慧办公（AIoT in Smart office）蓝图是由华为公司提出的，其主要目的是利用 AI 的力量以及智慧办公的理念，通过传感器、工具以及容器编排实现轻量级边缘堆栈的开发。蓝图中涉及的云 / 网络基础设施包括容器、EdgeX、Kubernetes 及其生态系统。这个开源软件栈提供了关键的基础设施，支持轻量级部署以及人工智能的高性能存储。

ELIOT 智联网智慧办公蓝图提升了管理效率，降低了办公管理的总体成本，让每个人都可以轻松预订和使用会议室。预订者不需要使用会议室却忘记取消预约，会造成资源的浪费。ELIOT 智联网智慧办公蓝图将有效减少这样的资源浪费。流动员工（如实习生、出差员工）也能够使用临时工作空间。

该蓝图可通过IoT网关实现物联网通信。这里的“通信”通常指端到端的通信或端到云的通信。网关通常是承载执行关键任务的应用软件的硬件设备。从根本上来说，网关为不同数据源和目标之间的连接提供了便利。从简单的数据过滤到可视化和复杂分析，不断发展的IoT网关已经可以执行多项任务。

IoT网关能够实现：

- 互联网连接设备或非互联网连接设备间的通信；
- 数据缓存、缓冲和串流；
- 数据预处理、清洗、过滤和优化；
- 设备到设备的通信或机器到机器的通信（M2M）；
- 组网特性和托管实时数据；
- 通过IoT网关应用实现数据可视化和基础数据分析；
- 分析短期历史数据特征；
- 提供安全性，即管理用户接入和网络安全特性；
- 设备配置管理；
- 系统诊断。

1. 模块设计

ELIOT智联网智慧办公架构由设备、边缘以及云组成。

- **设备模块**：ELIOT智联网智慧办公涉及的设备包括电子墨水屏、红外热传感器、热成像仪、运动检测仪、摄像机及外设。物体温度越高，发出的红外能量也就越强。红外热传感器可以将物体发出的红外能量聚焦到一个或多个光电探测器上，通过电信号准确读出目标物体的温度。光电传感器又称运动传感器，光电传感器会发光，若光被物体阻挡则会触发传感器。被动运动传感器则是通过接收体温释放的红外信号检测物体。电子墨水屏的显示效果和传统打印纸相似，许多人认为电子墨水屏比其他显示器更护眼。除此之外，电子墨水屏的能耗更低，特别是与传统背光液晶显示屏（LCD）相比。

- **边缘模块**：远程边缘模块主要利用服务层、操作系统层和硬件层运行智慧办公应用。边缘模块主要在智慧办公应用和虚拟机环境上处理从设备模块收集的数据。智慧办公应用包括智能会议室以及使用 Kubernetes、EdgeX 等容器化环境的共享工作台。虚拟机环境使用不同的操作系统，如 Ubuntu、CentOS 或在各种硬件环境（如 ARM、x86）上运行的任意 ThinOS 等。
- **业务层**：业务层主要利用运行在容器化环境和虚拟环境中的 EdgeX 技术进行函数计算、流计算，并实现抗 AI 干扰。边缘可以是以容器镜像形式运行的边缘应用，也可以是运行在裸机服务器上的边缘应用。业务层主要包括利用 AI 推理、容器编排（EdgeX）或虚拟机，在运行环境中处理和组织智能办公应用从设备中收集的数据。
- **操作系统层**：操作系统层包括 Ubuntu、CentOS、ThinOS 等。ThinOS 可以是任何轻量级且性能优化过的操作系统。
- **硬件层**：ELIOT 智联网智慧办公蓝图同时支持 ARM 和 x86 处理器。
- **云模块**：云模块由服务和框架组成，用于处理和组织来自边缘模块的数据。服务包括边缘管理、第三方应用、AI 训练和规则引擎。
- **云模块服务**：一般来说，规则引擎是一个系统，它应用一系列决策来决定如何应对某一情况，或者决定如何处理某一条数据。在云模块的帮助下，你可以轻松对复杂逻辑进行建模。在智联网中，规则引擎包括一组规则，用于处理或计算从边缘模块收集的数据，例如根据使用会议室的人员设置特定温度。从边缘模块收集的模型数据可以进行 AI 训练。通过边缘侧的第三方应用，使得在云端使用框架堆栈变得更方便、更易于处理。
- **云模块框架**：云模块框架主要指容器编排框架。服务网格架构拥有与云模块框架相对应的组件服务和功能。
- **容器编排框架**：随着越来越多的容器纳入应用的基础设施中，独立的监控和容器集管理工具变得必不可少。Kubernetes、Docker SwARM、Mesosphere DC/OS 提供服务网格环境来维护容器。

服务与实例（Kubernetes POD）是微服务中单独运行的副本。有时实例是 Kubernetes

中的单个容器。一个实例由一小组相互依赖的容器（称为POD）组成。客户端很少直接访问实例或POD，而是直接访问服务。服务是一组相同的实例或POD的集合，它们都是可扩展且具有高容错性的。

边车代理与单个实例或POD一起运行。边车代理的目的是路由，或代理与它一起运行的容器的流量。边车代理之间的通信由编排框架管理。许多服务网格用边车代理来监听和管理实例，以及POD的出口和入口流量。

- **服务发现**：当一个实例需要与另一个服务交互时，它需要找到并发现另一个服务的一个健康可用的实例。因此，实例通常会查找DNS。容器编排框架保存了可以接收请求的实例列表，并提供DNS查询接口。
- **负载均衡**：大多数编排框架提供了第四层（传输层）负载均衡。服务网格实现更复杂的第七层（应用层）负载均衡，算法更丰富，流量管理能力更强大。负载均衡参数可以通过修改API，对蓝绿[1]或金丝雀[2]部署进行编排。
- **加密**：服务网格可以对请求和响应进行加密和解密，从而减轻每个服务的负担。服务网格还可以优先重用现有的长连接来提升性能，从而减少创建新连接所需的计算成本。加密流量最常见的方式是双向TLS（mTLS），其中公钥基础设施（PKI）会生成并分发证书和密钥以供边车代理使用。
- **认证和授权**：服务网格可以对来自应用外部和内部的请求进行授权认证，仅向实例发送经过验证的请求。
- **支持熔断模式**：服务网格可以支持熔断模式，隔离不健康实例，并将不健康实例按需逐步回收到健康实例池。

ELIOT智联网智慧办公蓝图的架构如图4-10所示。

[1] 一种可以保证系统在不间断提供服务的情况下上线的部署方式。

[2] 一种灰度部署方式。

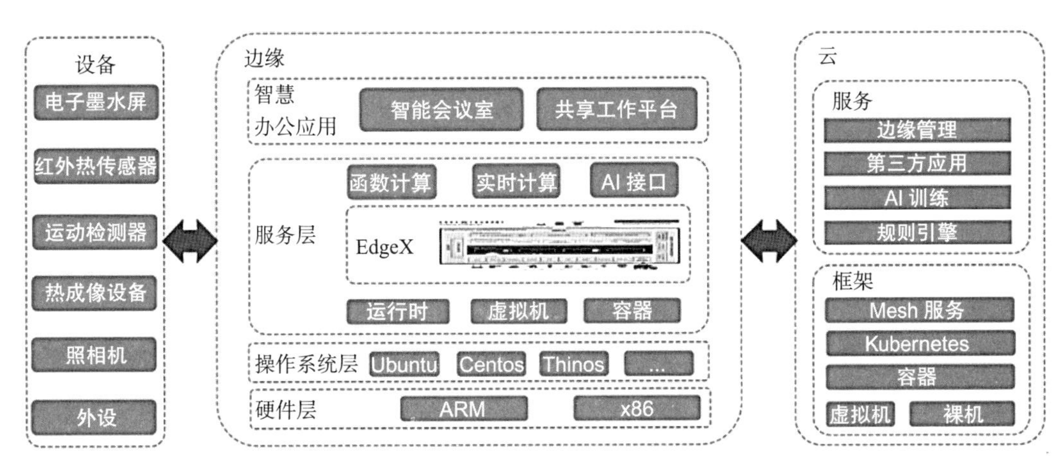

图 4-10　架构图

2. 应用场景

ELIOT 智联网智慧办公蓝图主要应用场景如下：

（1）智能会议室场景

智能会议室场景主要涉及以下部件。

- PC/ 移动终端；
- 数据库；
- 物联网网关；
- 红外热传感器；
- 会议室外设；
- 电子墨水屏。

应用步骤如下。

第一步：预约和更新预约信息。

要想使用会议室或智能办公室，用户必须在数据库中进行预订和更新，即预订所需时段的会议室。终端用户通过手机或 PC 更新预约信息，如时段、人数、会议室 ID、会议 ID 等。这些信息需要在数据库中登记，之后预约信息会传递到物联网网关。

第二步：数据采集和传输。

物体温度越高，发出的红外能量也就越强。红外热传感器可以将物体发出的红外能量聚焦到一个或多个光电探测器上，通过电信号读出物体温度。红外热传感器通过这样的方式采集当前使用会议室人员的实时数据。结合 AI 推理、AI 训练等 AI 能力，红外热传感器将产生热成像，显示会议室使用人数（使用状态），并将采集的数据传输到物联网网关。

第三步：物联网网关处理。

物联网网关接收红外热传感器采集的数据，判断是否针对预定后未使用的会议室重新开放预订。物联网网关同时从数据库获取更新的预约信息数据。根据会议室的使用情况，物联网网关决定开放还是保留会议室。最终更新的信息将显示在电子墨水屏上，同时会议室的外设也会自动打开，实现智能化运行。

（2）智慧办公及其他应用中的智联网

在这一场景中，摄像头自动抓拍办公室中的员工，并将该图像发送到物联网网关。物联网网关通过 AI 人脸识别算法识别出员工，根据采集到的数据个性化定制会议室，如根据使用人情况调整会议室外设。物联网网关在提高准确性、安全性的同时，降低了成本。

办公室各处的摄像模组可以拍摄经过的人。摄像模组将采集到的数据发送给一个或多个物联网网关。

办公室内的物联网网关接收摄像模组发送过来的图像。物联网网关拥有 AI 人脸识别功能，帮助识别特定人员及其偏好。例如，不同人员工作空间不同，其选择也往往不同，所以根据不同人员的工作空间，可以实现会议室等办公设施的个性化定制。

同样，另一个物联网网关也可以根据接收到的图像，通过人脸来识别员工。例如，如果有人进入会议室，物联网网关就会自动开启会议室的设备，如空调、会议室的照明设备、会议室的投影仪等。

4.3.8　ELIOT IoT Gateway

ELIOT物联网网关蓝图由华为公司提出，是Akraino批准的企业边缘轻量化和物联网蓝图项目，也是Akraino边缘栈的一部分，旨在为完全集成的边缘网络基础设施提供平台，并在轻量级边缘节点上运行边缘计算应用。

ELIOT物联网网关蓝图将为边缘节点提供基础设施平台，从而提供物联网网关的特性。这需要借助Docker、Kubernetes、Prometheus、cAdvisor、KubeEdge、EdgeX、OPC-UA等上游开源应用来实现。在物联网应用相关的边缘节点上部署应用的公司，可以通过物联网网关平台实现物联网生态系统的端到端功能。

ELIOT拓扑关键术语：

- **ELIOT管理器**：中央控制器。
- **ELIOT节点**：边缘节点，边缘侧的计算工作将在其中完成。

1. 模块设计

关于ELIOT管理器与ELIOT节点的内容在4.3.6节已介绍过，这里不再重复。

（1）平台架构

ELIOT物联网网关的主要功能是提供平台，用于物联网应用部署、监控和扩展。物联网网关平台架构如图4-11所示。

（2）ELIOT管理器组件

ELIOT管理器包含管理ELIOT集群的工具和服务。

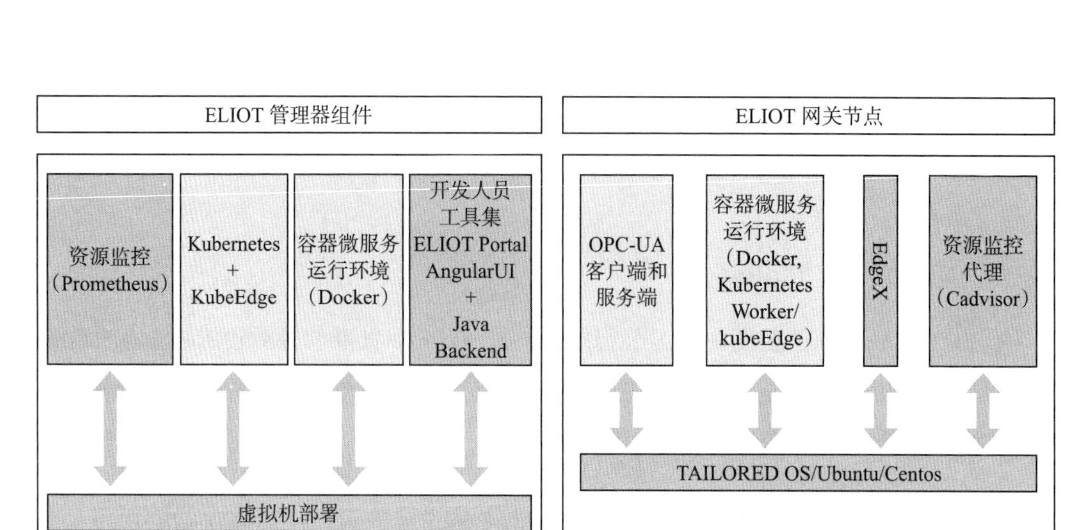

图 4-11　物联网网关详细平台架构

ELIOT 管理器的组件包括：

- Prometheus；
- Kubernetes Master；
- KubeEdge。
- Docker；
- ELIOT 门户用户界面。

ELIOT 管理器的服务包括：

- ELIOT 节点资源监控；
- ELIOT 节点资源管理；
- 开发者工具集；
- 微服务部署管理。

ELIOT 网关 / 边缘节点组件包括：

- OPC-UA 客户端和服务端；
- 容器微服务运行环境；
- Docker、Kubernetes、KubeEdge；
- EdgeX；
- cAdvisor。

2. 关键特性

ELIOT 物联网网关蓝图具有如下关键特性：

- 通过 Kubernetes 和 KubeEdge 支持 ELIOT 节点管理和设备管理。
- 所有边缘节点的资源监控都是通过 ELIOT 管理器使用 cAdvisor 和 Prometheus 完成的。
- 支持多平台架构 x86 和 aarch64。
- 支持在云和边缘节点上进行异构部署。
- 平台已具备能力支持边缘计算不同物联网网关的用例。
- 使用脚本来设置和清除 ELIOT 设置。

4.3.9 Integrated Cloud Native NFV/App stack

该蓝图家族可简称 ICN 蓝图，其使用 Kubernetes 作为每个站点中的资源协调器，使用 ONAP-K8S 作为跨站点服务协同器或编排器，以解决大量边缘以及公有云中工作负载部署问题。ICN 蓝图还打算整合基础设施协同器，这是从裸机服务器开始构筑站点所必备的。ICN 蓝图重点关注基础设施协同器，确保边缘服务器上所需的基础架构软件是按站点安装的，但可以通过中央仪表板进行控制。基础架构协同流程将执行以下操作：

- **安装：**首次安装所有基础结构软件，监视新服务器，并根据服务器的角色安装应用软件。
- **修补程序：**如果任何一个基础结构软件包制作了新的修补程序，则继续安装修补程序（如与安全相关的修补程序）。可能需要与资源和服务协调器一起工作，以确保（修补过程中）工作负载功能不会受到影响。

- 软件更新：由于新版本发行而更新软件。
- 基础架构全局控制器：如果需要进行基础架构全局控制，则需要配置此组件并放在适当位置。该控制器与远程本地控制器（也可是代理）进行通信，远程本地控制器执行实际的软件安装、更新、补丁等操作。
- 基础架构本地控制器：通常位于服务器的每个站点中，它与基础架构全局控制器结合使用。

Akraino的ICN蓝图是一种云原生的计算和网络框架（CN-CNF），用于将NFV的应用程序集成到事实上的标准中，并包含了5G、IoT和各种Linux基础云原生框架中的边缘用例。

ICN蓝图包含ONAP，是服务编排引擎（SOE）和云原生应用上游社区项目。ICN蓝图包含如下组件：Kubernetes，作为资源编排引擎（ROE）；Prometheus，用于监视和警报；OVN，作为SDN控制器；容器网络接口（CNI），用于网络和组网的编排，提供群集之间的联网；Envoy，实现服务代理；Helm和Rook，用于程序包管理和存储运维。

ICN蓝图目标用户：

- 不同类型的企业，包括零售类企业、医院、银行、各种大型公司等；
- SaaS服务供应商；
- 独立供应商；
- 管理服务供应商。

ICN蓝图支持多种技术共存，相关技术包括：

- VNFs；
- CNFs；
- VMs；
- Containers；
- Functions。

ICN 蓝图架构如图 4-12 所示。

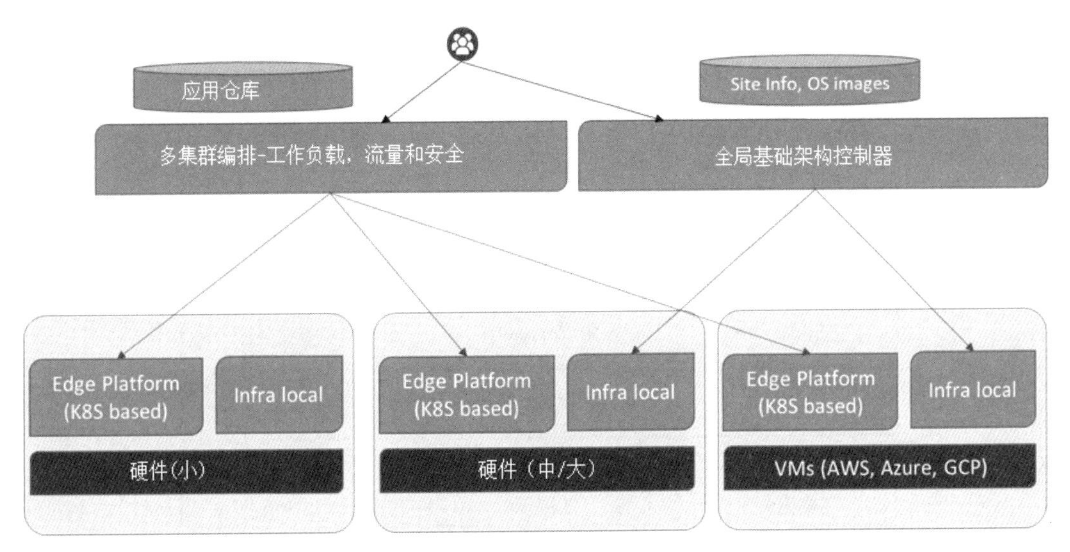

图 4-12　ICN 蓝图架构

ICN 蓝图具有如下关键特性：

- 提供同时满足多个用例的切实可行的边缘栈。
- 提供同时包括网络功能和应用的云原生栈。
- 支持 Intel 的硬件平台和非 Intel 的外设。
- 利用 Nis 硬件加速器等设备优化栈方案。
- 提供平台和应用通用服务。
- 支持多云、多边缘节点、多部件的编排。
- 提供可部署、成本较低的解决方案。

4.3.10　KNI Blueprint Family

KNI（Kubernetes-Native Infrastructure）蓝图家族基于 Kubernetes 社区的最佳实践和工具来对边缘计算栈进行规模和持续的声明式管理，无论是裸机还是公有云上的开发者环境或生产环境，都能够从基础设施层到服务层提供统一的用户体验。

1. 模块设计

KNI 蓝图家族整体架构如图 4-13 所示，最下层为基础设施层，基础设施之上为基于 Kubernetes 的机器配置 API 和自定义的机器配置 Operator，机器配置 Operator 之上则为集群 Operator，最上层则为运行的应用。

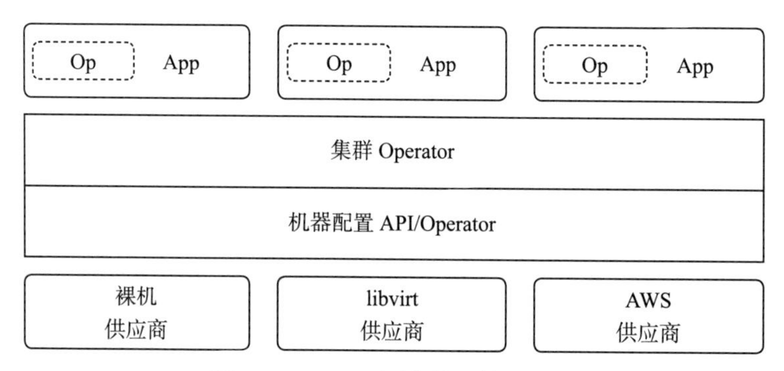

图 4-13　KNI 蓝图家族整体架构图

KNI 家族模板如表 4-7 所示。

表 4-7　KNI 家族模板

属性	描　述
类型	R2 新增
用例	供应商访问边缘（远 / 近），MEC 工业自动化 企业边缘
初始 POD 成本	取决于蓝图
规模	1 至数百个节点，1 至数千个站点
应用领域	任何类型的工作负载： • 容器化或基于虚拟机； • 实时，超低时延或高吞吐量； • NFV、物联网、AI / ML、无服务器
功率限制	取决于蓝图
首选基础架构	端到端服务编排：根据具体用例，选择不同的端到端服务编排方案。例如，选择 ONAP 进行应用程序生命周期管理；选择 K8S 进行操作员群集生命周期管理

2. 特性和价值

该蓝图家族中的所有蓝图都具有如下特征：

- 利用Kubernetes社区的Machine API，允许用户对Kubernetes集群机型进行声明式配置并持续部署于生命周期管理模块，集群场景涵盖手工搭建、公有云、虚拟机、裸机、边缘节点、中心节点等多种情形。
- 利用Kubernetes的Operator Framework来对边缘计算栈的应用进行安全、自动化的生命周期管理。Operators允许应用作为Kubernetes的资源进行生命周期管理，支持事件驱动和基于角色的权限控制。KNI使用Ansible或者Go调用Helm Chart来部署应用，但其为应用提供的功能并不限于部署和升级，还包括自动化扩缩容、分析、使用测量等功能。
- 针对云原生的容器部署提供优化，同时支持根据实际情况基于KubeVirt进行混合式的虚拟机部署。

KNI蓝图家族包含如下两个蓝图。

（1）PAE蓝图

Provider Access Edge（PAE）蓝图是Akraino的Kubernetes-Native基础架构系列蓝图中的一部分。因此，它可利用Kubernetes社区的最佳实践和工具，以声明式的方式大规模管理边缘计算堆栈，并从基础架构到服务，保证不论是在开发环境中，还是在生产环境中，运行在裸机上或公有云环境中的用户体验一致。

该蓝图的目标是承载NFV（特别是vRAN）和MEC（例如AR / VR、机器学习等）工作负载的小型部署。其主要特点是：

- 基于CoreOS和Kubernetes（OKD发行版）进行轻量级自我管理。
- 支持通用基础架构上的虚拟机（通过KubeVirt实现）和容器。
- 使用Operator框架进行应用程序生命周期管理。
- 使用Multus支持多个网络。

❑ 使用 CentOS-rt * 支持实时工作负载。

用例模板如表 4-8 所示，蓝图模板如表 4-9 所示。

表 4-8 用例模板

属性	描 述
类型	R2 新增
工业部门	电信和运营商网络
业务驱动力	在边缘上部署移动应用程序的需求正在增长，故需要提供一个平台，能够使用 Kubernetes 工具完成移动应用程序的部署，实现端到端的声明式配置
业务用例	5G 边缘部署、移动边缘应用、vRAN
初始构建成本	可以部署在 libvirt、亚马逊 AWS 云和裸机上。在裸机上部署仅需 5 个服务器（1 个用于引导程序，3 个作为主设备，1 个用于工作人员操作）即可实现 POD
运营成本	初始阶段 POD 占用空间相同（5 台服务器），通常情况下费用低于 10 万美元
安全需求	需要 Kubernetes 安全监视和修补功能，它们是部署中的一部分
规章制度	取决于用例以及工作负载

表 4-9 蓝图模板

属性	描 述
类型	R2 新增
蓝图族（建议名称）	Kubernetes 的边缘原生基础架构（KNI-Edge）
用例	提供商访问边缘（PAE）
蓝图（建议名称）	提供商访问边缘（PAE）
初始 POD 成本	少于 15 万美元
规模与类型	3 ~ 7 个 x86 服务器（至强类）
应用领域	vRAN（RIC）、MEC 应用程序（CDN、AI / ML 等）
功率限制	小于 10kW
基础架构	应用程序生命周期管理：Kubernetes 操作员群集生命周期管理：Kubernetes 群集 API / 控制器群集监视：Prometheus 容器平台：Kubernetes（OKD 4.0） 容器运行时：CRI-O 虚拟机运行时：KubeVirt 操作系统：CentOS、CentOS-rt 7.6
SDN	OpenShift SDN（带有 SR-IOV、DPDK 和 multi-i / f）
SDS	Ceph
Workload 类型	容器、虚拟机

（2）IE 蓝图

IE 蓝图跟 PAE 蓝图类似，其蓝图模板如表 4-10 所示。

表 4-10　IE 蓝图模板

属性	描　述
类型	R2 新增
蓝图族（建议名称）	Kubernetes 的边缘原生基础架构（KNI-Edge）
用例	工业边缘（IE）
蓝图（建议名称）	工业边缘（IE）
规模与类型	3 个服务器到 1 个机架；x86 服务器（至强类）
应用领域	物联网云平台，数据分析、AI、ML、AR、VR、超低时延控制
基础架构流程	端到端服务编排：不适用 中间件：KNative（无服务器）、Kubeflow（AI、ML）、EdgeX（物联网） 应用程序生命周期管理：Kubernetes 运营商（Helm 和本机混合） 集群生命周期管理：Kubernetes 集群 API / 控制器集群监视：Prometheus 容器平台：Kubernetes（OKD 4.0） 容器运行时：CRI-O 虚拟机运行时：KubeVirt 操作系统：CoreOS、CentOS-rt
SDN	OVN
安全数据表	Ceph
工作量类型	容器、虚拟机

4.3.11　Network Cloud Blueprint Family

面向下一代网络云和网络边缘计算，AT&T 提出了 Network Cloud 的概念。Network Cloud Blueprint Family（Nework Cloud 蓝图，简称网络云蓝图或 NC 蓝图）是 AT&T 提交的，并作为种子项目进入 Akraino，包含多个子蓝图，每个子蓝图都由一个项目团队负责，团队基于统一的 Network Cloud 蓝图家族的框架进行集成和增强开发。

1. 模块设计

CN 蓝图系列定义了如何使用多个上游项目进行编译，并使用 Akraino 的 CI/CD 流程进行验证、集成和维护网络云场景下的端到端堆栈。

NC蓝图系列提供了三种不同类型的针对边缘容器的部署方案，每种方案都是一个具体的蓝图：

- **单服务器Rover POd蓝图：**可方便移动、即插即用。任何网络中需要由单个服务器支持多租户OpenStack服务的位置都可部署，如电信远端站点、5G Micro Edge、OTT边缘网关。
- **支持OVS-DPDK数据平面的多服务器Unicycle POd蓝图：**提供访客虚拟机，支持MEC和5G Core应用程序或其他基于虚拟机的边缘应用程序，具有高性能、低时延的特点。目标网络中任何需要部署3～7个服务器以为多租户提供OpenStack服务的位置都可部署。
- **支持SR-IOV数据平面的多服务器Unicycle POd蓝图：**提供访客虚拟机，支持MEC和5G Core应用程序或其他基于虚拟机的边缘应用程序，具有高性能、低时延的特点。电信Central Office机房、移动交换局或其他聚合站点均推荐部署。

CN蓝图由在区域控制器和边缘节点上运行的多个组件组成。区域控制器运行、部署和管理边缘节点所需的组件。这些组件提供了诸如图形用户界面、工作流引擎、软件存储库、硬件配置之类的功能。边缘节点使用飞艇、OpenStack Helm、Kubernetes、Docker、calico、sr-iov、ovs和ovs-dpdk等组件交付OpenStack服务所需的组件。

2. 环境搭建

Akraino门户提供菜单驱动的用户界面，以为边缘站点选择蓝图种类。选好特定的蓝图后，将使用端到端自动化边缘来构建站点。建立站点需要确保机架中以及机架之间的所有计算节点和控制节点都存在网络连通性，包括与网络机架的连通性。

典型NC蓝图一般包含如下物理节点。Akraino R1文档中提供了经过验证的服务器和虚拟机部署选项的完整详细信息。

- Build Server 节点：是使用预配置的虚拟机构建的，用于创建区域控制器（RC）。
- 区域控制器节点：可以使用裸机服务器或在预先配置的虚拟机中构建 RC 节点。
- Rover Edge POD：Rover POD 边缘容器由部署在裸机服务器上的单个节点组成。
- Unicycle Edge POD：由 3 ～ 7 个节点组成，这些节点部署在裸机服务器上，包括 3 个控制器节点（1 个创世纪和 2 个主节点）和 0 ～ 4 个工作节点。
- 交换子系统 Switching Subsystem：交换子系统在 R1 NC 版本中被视为“黑匣子”，提供 L1、L2、L3 和 BGP 网络服务。交换子系统的部署被视为部署 NC 的先决条件，必须在构建服务器、区域控制器以及部署 Rover Edge POD 和 Unicycle Edge POD 之前完成。

部署节点的过程会涉及 RC 的两层分层模型。PC 负责在其控制区域内的一个或多个边缘位置部署任意数量的独立 Rover 或 Unicycle 吊舱。在进行大型部署中，会部署多个 RC，目的是将某一个大区域分为多个小区域。

在将 Rover 或 Unicycle Edge POD 部署到边缘站点之前，必须先部署 RC，RC 可基于场景支撑上述三类蓝图（Rover、OVS-DPDK、SR-IOV）。

Build Server 用于创建 RC。创建 RC 完成后，Build Server 将不再在 NC 部署中扮演任何角色（除非要创建新的 RC），如图 4-14 所示。

全自动部署过程如下：

1）使用 Redfish API 通过服务器的 BMC 进行 RC 和 Rover（或 Unicycle 吊舱）的 BIOS 裸机配置。

2）在所有节点上安装 Ubuntu 操作系统并配置蓝图。

3）部署所有容器化、虚拟化和相关的 Network Cloud 专用软件。

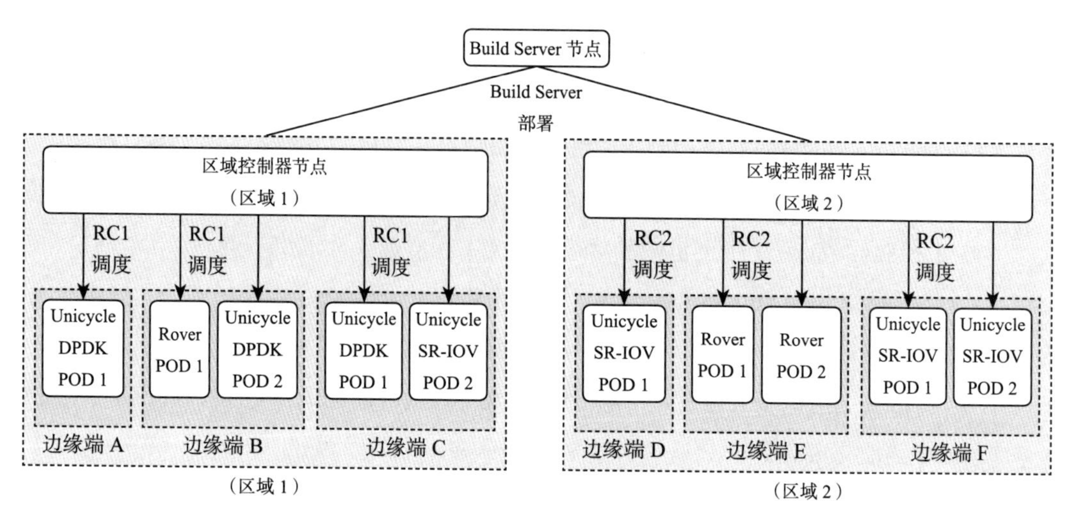

图 4-14 部署示意图

4.3.12 Micro-MEC

Micro-MEC 主要致力于以集成的方式提供具有完整硬件和软件的平台，以实现边缘计算，其尤其适用于为超远边缘的智慧城市提供服务。Micro-MEC 可以灵活使用 5G 网络、WLAN 甚至光纤，其模块可轻松安装在灯杆、车辆等承载物上，并将承载物连接到网络中，以构建数字生态系统。

比如，可以将传感器安装到路灯杆中，Micro-MEC 技术的边缘设备可根据要求以及环境收集各种数据。摄像机也可以安装在灯杆中，用于监控交通以及满足智慧城市的其他需求。

1. 模块设计

Micro-MEC 由超远边缘和集中式云基础设施两个模块组成。Micro-MEC 具有不同的硬件变体，可以支持不同的传感器和显示器。Micro-MEC 支持新兴的 ETSI 标准的 MEC 应用程序，并可对应用程序进行管理。

（1）超远边缘模块

超远边缘本质上是指广泛分布在各处的边缘节点。超远边缘模块包括应用程序管理模块、数据管理模块、容器基础设施管理模块、主机基础设施以及在容器中运行的应用程序。

主机基础设施包括Micro-MEC边缘设备中用于收集数据的传感器、UServer内核和BH + FH。例如，将路灯杆视为边缘设备，那么其中部署的Ultra Far Edge模块就是主机基础设施。

Micro-MEC应用程序将使用容器运行。Micro-MEC应用程序会使用EdgeX Foundry，这是一个使用容器的开源IoT平台。应用程序容器通常会用到容器的基础设施，其中包括注册表、相关设备、NB I / F以及管理系统。

（2）集中式云基础设施模块

集中式云基础设施主要用于用户管理、开放数据API、用户界面、应用程序SDK、部署计划、数据隐私。它使用应用程序编排、数据管理平台、容器运行时环境的基础设施编排等管理功能（使用Docker、K8S、Edgex Foundry、ONAP边缘扩展、OpenStack控制节点等）。

集中式云基础设施模块中的应用程序编排器，可以与Micro-MEC的超远边缘模块的应用程序管理器进行交互。同样，它也可以通过数据管理平台在超远数据模块的数据管理器中进行数据传输和控制。基础设施编排器用于控制Micro-MEC的网络边缘模块中的容器基础设施管理器。

集中式云基础设施模块由包含服务器的云基础设施组成，这些服务器负责云数据存储，通常用于处理从边缘模块收集的数据。集中式云基础设施和超远边缘（网络）模块如图4-15所示。

2. 环境搭建

Micro-MEC环境搭建的要求如表4-11所示。

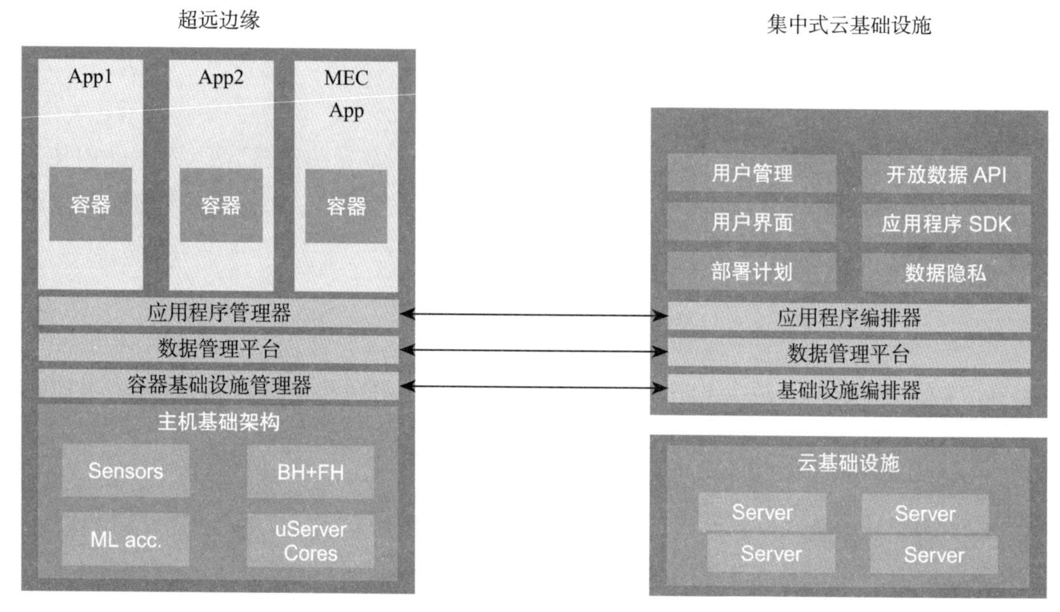

图4-15　集中式云基础设施和超远边缘（网络）模块

表4-11　环境需求

分类	需求描述
网络支持	电信网络，特别是网络边缘（超远边缘）
商业驱动	Micro-MEC将在网络边缘上启用新功能和新业务模型。将应用运行在边缘的好处有： • 为终端用户带来更低时延 • 更多的数据可以在本地处理从而减少网络负载 • 敏感数据不用传输到中心区域从而带来更好的安全性和隐私性 • 所有这些新服务都为构建新的高速网络业务提供支持，从而带来新的事物
初始构建成本	Micro-MEC硬件和软件的成本应为数十美元，这不包括电源、机壳、调制解调器和其他外部组件。安装和布线将是成本最高的项目
运营成本	Micro-MEC设备软件应可完全远程自动化管理。不带外设的Micro-MEC支持以太网类型1、2和3的供电方式，这些类型由不同的POD看护
运营需求	Micro-MEC必须能够完全自动化地由远程操作，支持恢复到一个正确的网络配置，从而保障可以顺利从网络故障中恢复正常工作
安全需求	Micro-MEC设备将在不受信任的户外环境中使用，并处理隐私且敏感的数据，例如实时视频。因此，设备需要支持可信启动、可信密钥存储和加密通信。该设备还将运行来源不同的应用程序，所以必须在这些程序之间提供隔离，必须使用Linux应用程序来保障安全性
合规性	Micro-MEC应符合数据隐私性、安全性和所处区域的所有行业法规
其他限制	根据uMEC部署方案，可能还有其他要求

3. 应用场景

Micro-MEC 业务应用场景主要有如下几种。

1）Micro-MEC 的小型部署：Micro-MEC 主要应用场景之一聚焦在电信网络，特别是超远边缘云。表 4-12 所示是这类场景下的详细说明。

表 4-12　小型部署用例详细说明

属性	描　述
类型	新增
蓝图系列名称	Micro-MEC
用例名称	小型化部署 Micro-MEC
蓝图名称	Micro-MEC 类型一
初步 POD 成本	规定的功耗 < 15 W POD 的成本取决于外设和外壳的价格
规格	满足功率要求的单板计算机
应用	IEC 应用
功率和内存限制	对于 SoC 来说小于 7W 内存小于 512MB
基础设施编排	ONAP 边缘云编排
SDN	SR-IOV 和 OVS-DPDK（或者 VPP-DPDK）
负载类型	容器或 MEC 兼容负载

2）业务用例，Micro-MEC 的中型部署，具体说明如表 4-13 所示。

表 4-13　业务用例的详细说明

属性	描　述
类型	新增
蓝图名称	Micro-MEC 类型二
初步 POD 成本	规定的功耗 < 30 W POD 的成本取决于外设和外壳的价格
规格	满足功率要求的单板计算机
应用	Micro-MEC 应用
功率和内存限制	对于 SoC 来说小于 15W 内存小于 4GB
基础设施层编排	ONAP 边缘云编排
SDN	SR-IOV 和 OVS-DPDK（或者 VPP-DPDK）
负载类型	容器或 MEC 兼容负载

3）Micro-MEC大型部署，具体说明如表4-14所示。

表4-14 Micro-MEC大型部署的详细说明

属性	描 述
类型	新增
蓝图名称	Micro-MEC类型三
初步POD成本	规定的功耗 < 60 W POD的成本取决于外设和外壳的价格
规格	满足功率要求的单板计算机
应用	Micro-MEC应用
功率和内存限制	对于SoC来说小于30W 内存超过4GB
基础设施编排	ONAP边缘云编排
SDN	SR-IOV和OVS-DPDK（或者VPP-DPDK）
负载类型	容器或MEC兼容负载

4.3.13 PCEI Blueprint Family

从电信运营商方面来看，公有云是电信边缘的重要客户，但是公有云也面临诸多挑战：

- 如何将公有云管理界面与电信公司边缘编排界面结合？
- 如何向公有云开放更多电信能力并支持DevOps？
- 如何以有效的方式管理和监视API的使用？
- 如何保证安全性，例如避免DDOS或SQL注入？
- 产业缺乏相关标准，如何保障跨运营商和跨公有云的互操作性？

公有云与边缘计算协同接口（Public Cloud Edge Interface，PCEI）蓝图家族的可为Telco Edge蓝图指定一组开放的API，以供公有云服务商边缘实例调用。Telco Edge通过开放网络功能、提供公有云边缘应用运行环境来提供增值服务，从而实现公有云与运营商协作部署边缘，为客户提供更丰富的增值应用。

运营商通过这些开放的API与公有云协同，为消费者、企业和垂直行业用户提供更具竞争力的产品和服务。例如，在电信运营商的边缘计算平台和公有云边缘计算平台

（例如 Google Cloud Platform（GCP）Anthos、AliCloud Edge Node Service（ENS）、AWS Wavelength、Microsoft Azure Edge Zones、腾讯 ECM）之间提供网络能力开放的 API。这些 API 不仅提供基本的连接服务，还提供可预测的数据传输、可预测的时延、可靠性、服务插入、安全性、AI 和 RAN 分析、网络切片等增值网络功能。众多新兴应用将能按业务需要调用网络能力，以提供更好的用户体验，例如 AR/VR、工业物联网、自动驾驶汽车、无人机、工业 4.0 计划、智能城市等。除了上述网络能力开放 API，还包括边缘编排和管理、边缘监视（KPI）等 API。这些 API 在所有电信运营商和主流公有云服务商中都是通用的，区别是如何利用和编排这些 API 以提供个性化的服务。

PCEI 蓝图家族的目的是完整解决 API 互操作问题，包括 API 定义、API 网关功能，在通过产业公共的边缘访问 API 时向云服务商提供安全、可控、可追溯、可扩展和可测量的网络增值服务。

随着 5G 的大规模部署，为了丰富边缘计算应用生态，电信运营商将协同公有云、边缘云服务提供商，一起来创造新的 5G 边缘应用和培养开发人员，做大 Telco Edge 的细分市场空间。

4.4　Akraino 社区热点特性项目简析

除了蓝图项目，Akraino 社区还有一类特性项目，这类项目聚焦社区公共技术、组件开发，通过社区众筹开发向用户提供平台公共组件、API 框架、部署运维工具等。

4.4.1　Akraino Portal 项目

Akraino Portal 项目提供用于部署边缘站点、安装附加软件、启动附加服务、启用测试服务等的用户界面。

Akraino 边缘堆栈功能可通过自驱动的、丰富的用户界面来使用。用户可以登录 Web 门户并执行 Akraino 边缘堆栈解决方案来获得各种功能。

最新的Akraino版本支持构建和部署Unicycle蓝图，并支持为边缘站点部署流动站蓝图。同时提供通过上载YAML文件来构建、部署特定POD配置站点的功能。

通过门户网站Akraino Portal还支持其他用户驱动的功能：通过Tempest的e2e测试来验证开放式堆栈的安装和准备情况。在边缘站点上安装其他软件，例如ONAP、CHOMP、VNF onboarding，用户可以通过自驱动的UI导航来上载VNF。

Akraino Portal未来计划与PINC、NARAD等其他开源工具集成，以获取硬件及其信息，并支持部署未来蓝图。

所有门户网站功能均通过RESTful API公开，Akraino Portal利用这些API来提供相应的功能。Akraino Portal提供的功能如下：

- 自助运营；
- POD可视化；
- 故障排除；
- 测试和验证；
- 允许利用较低配置的测试资源；
- 在将蓝图部署到生产POD之前，简化了基于实验室的验证测试；
- 不使用外部系统的简单Akraino，而是独立部署；
- 直接对ARC进行API调用。

Akraino Portal在整体架构中的位置如图4-16所示。

Akraino Portal项目目标是支持所有蓝图部署在POD上，并显示POD部署的状态，允许查看POD部署的状态和正在运行的POD的状态，其是边缘POD生命周期管理功能的中心。

在POD主界面，用户可进行如下操作：

- 排序、过滤和列出边缘站点及其POD，由区域总监管理。

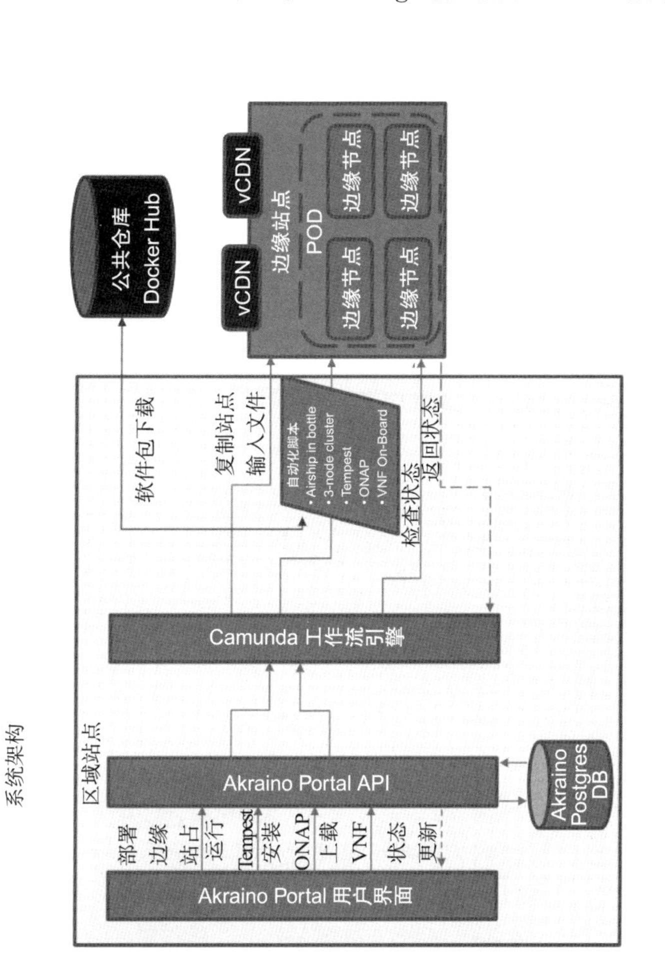

图 4-16　Akraino Portal 架构

- 显示边缘站点中POD的部署状态。
- 允许POD退出。
- 启动模式弹出窗口以创建新的POD。
- 底部面板显示所选边缘站点及其POD（如果有）的详细信息。
- 允许部署附加组件。

新建边缘站点和存量管理界面如图4-17所示。

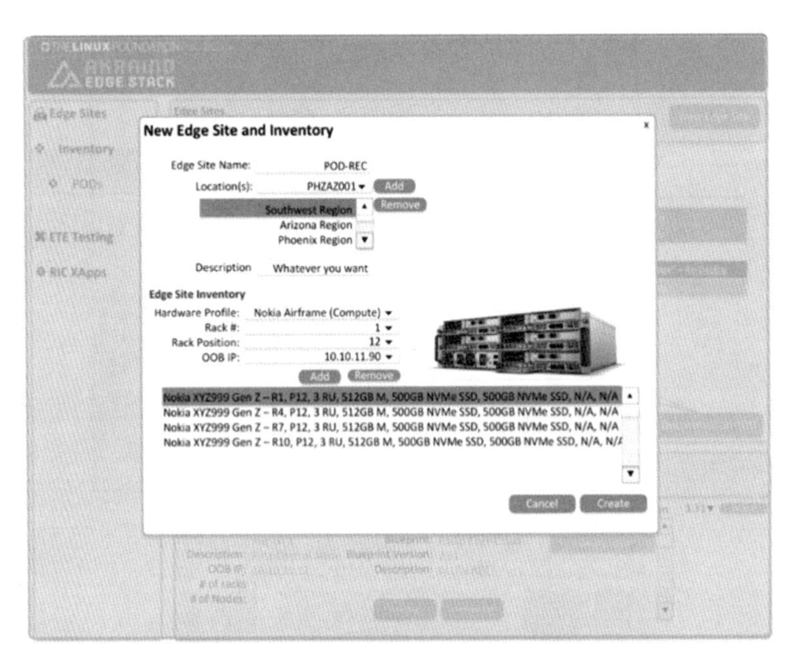

图4-17 新建边缘站点和存量管理界面

在新建边缘站点和存量管理界面，用户可从事如下操作：

- 创建一个新的边缘站点。
- 选择新ES的多个位置。
- 通过硬件配置文件选择硬件清单并将其添加到ES。
- 指定机架编号及其在机架中的位置。
- 指定用于访问的OOB IP。

4.4.2　Akraino Blueprint Validation Framework 项目

Akraino Blueprint Validation Framework 简称 BluVal，其是一个诊断工具集框架，用于验证在 Akraino 边缘堆栈中开发或使用的处于不同层的功能，以评估 Akraino 蓝图是否为 Akraino 准备 / 已验证状态。BluVal 集成了不同的测试用例，其在开发中采用了一种在 LF Gerrit 中进行版本控制的声明式方法，这种方法集成在 CI / CD 工具链中，搭配使用 Jenkins 任务后可以运行测试用例，并在 LF Repo（Nexus）中查看结果。该项目的初始蓝图规划如下：

- Akraino 应识别并利用所有蓝图层的开源测试框架。
- Akraino 应扩展并为框架做出贡献，以满足蓝图测试需求。
- Akraino 将自动化测试作为 CI / CD 蓝图以验证流水线的入口质量。
- Akraino 应使用安全扫描来检测潜在的侵权行为。
- Akraino 应开发符合安全性的测试和认证机制（即最低权限）。
- Akraino 应确保每次执行都清理测试所需的临时资源。
- Akraino 测试应声明有意义的结果。
- Akraino 应提供用于测试开发的工具集和文档。
- Akraino 应鼓励在 Akraino 堆栈的每一层上重新使用蓝图的测试用例。

蓝图所有者将使用指定的工具进行标准测试。项目技术负责人将与 Akraino TSC 分享平台测试结果，以便 TSC 可以决定蓝图是否可以从孵化阶段进入成熟或核心阶段。对于 BluVal 有如下要求：

- 所有在 Akraino 蓝图范围层中提出的测试集均需要测试通过，比如蓝图部署 K8S，蓝图必须使用定义好的测试工具传递 K8S 测试集（例如 kubemonkey）。
- 验证框架定义了一个一致且具有最低强制性的测试集和测试工具以便蓝图可以在每一层提供一致且可直接进行比较的结果。
- 可以扩展验证框架以满足标准测试中未包含的蓝图的要求，蓝图负责人有责任提交附加要求以扩展功能部分中的验证框架。
- 尽可能利用现有的开源工具集。

在 Akraino 中针对部分层级给出了建议使用的参考工具，如图 4-18 所示。

范围层	测试用例
Hardware Baremetal	IP连通性验证，MAC数据验证，启动顺序验证，硬件运行状况验证，RAID配置验证
BIOS version	Firmware验证，Numa内核性能测试工具
OS	Linux测试工程，Linux内核性能测试工具
K8S	Kubetest，Conformance Sonobuoy，高可用K8S
OpenStack	Tempest，Rally，Shaker
Ceph	
ONAP	
VNF	VNF SDK，Sample VNF
Application	

图 4-18　参考工具

4.4.3 API Gateway 项目

API Gateway 旨在为 OpenStack、Kubernetes 或者其他的云平台和应用提供 API 的网关能力。基于目前流行的微服务架构，微服务客户端连接访问多个微服务会非常复杂：

- 多种通信协议混合使用，如 REST、SOAP、XML-RPC 等；
- 每个微服务都需要身份验证和授权；
- 每个微服务都需要预防 DDoS 或者 SQL 注入攻击等安全风险；
- 服务监控 API 的使用责任主体不清晰（由谁使用，何时使用，怎么使用）；
- 当一个微服务的 IP 修改后，所有和此微服务有通信关系的都需要更新。

API Gateway 项目的目标就是解决上述问题，图 4-19 所示是 API Gateway 的基本理念。

如图 4-20 所示，多种微服务客户端（可以是网页，也可以是手机应用等等）都可以通过 API Gateway 访问 OpenStack 或者 Kubernetes 的 API。API Gateway 提供的能力如下：

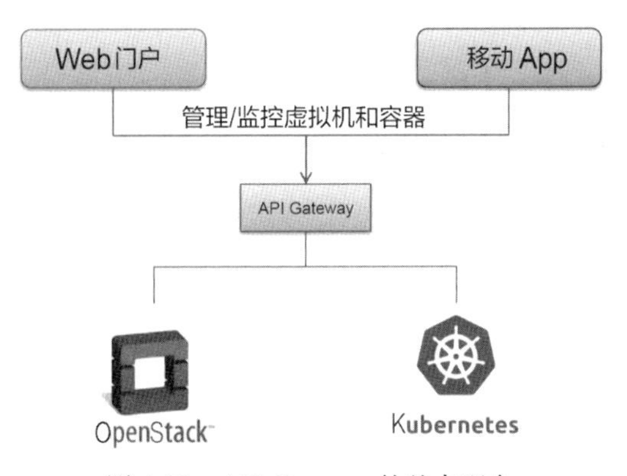

图 4-19　API Gateway 的基本理念

- **鉴权（Authentication）**：为微服务提供统一的身份认证与鉴权，以及潜在的角色认证服务。
- **监控（Monitoring）**：为微服务提供统一的监控能力。
- **日志（Logging）**：为微服务提供统一的日志能力。
- **安全（Security）**：为微服务提供统一的安全能力，可以防止如 DDoS 攻击、SQL 注入等问题
- **访问控制表（Access Control Lists，ACL）**：为微服务提供统一的白名单、黑名单等能力
- **缓存能力（Caching）**：为微服务提供统一的缓存能力。
- **限速能力（Rate-limiting）**：为微服务提供统一的限速能力。
- **无服务器计算（Serverless）**：提供函数即服务的能力（Function as a Service，FaaS）
- **所有的服务能力都可以跑在容器、虚拟机、x86 服务器、ARM 服务器上。**

由此可以看出，在使用 API Gateway 提供的框架能力后，微服务及其使用者可以获得如下好处：

- 安全及认证能力（security，authentication，authorization）；
- 负载均衡（Load Balancing）；
- 微服务的生命周期管理（Lifecycle Management）；

- 方便快捷的监控管理；
- 方便的服务发现能力（Service Discovery）。

4.4.4 Akraino Profiling项目

Akraino Profiling项目旨在解决因边缘侧存在多种设备、多种监控系统而带来的多种监控指标和格式复杂的问题。通过提供统一的指标格式，能够带来一系列的优势：

1）降低开发的复杂度：

- 设备提供商不需要针对不同的监控系统提供不同的指标格式，只需要基于统一的、预定义的指标格式进行提供即可。
- 最多只需要额外开发一个格式转换器来适配现有的指标格式。

2）基于统一的标准，可以获取更多复杂的指标，基于更多的指标可以做更好的编排与调度。目前CNCF已经开源一个OpenMetrics项目，此项目有如下优势：

- 已经提供一个标准的指标格式；
- 由Prometheus在CNCF发起。
- Prometheus已经是业界标准的指标监控工具。
- Prometheus社区将指标格式单独取出来建立OpenMetrics项目。
- 主要贡献者来自业界各大公司，如Google、Prometheus、InfluxData、SolarWinds、OpenCensus、Uber、Data Dog等。

Akraino Profiling项目的目标是基于OpenMetrics项目统一边缘计算端到端的监控指标，具体如下：

- **详细描述需要监控哪些度量数据：** 如node_memory_total、response_lantency、transmission_bandwith等。
- **上报指标（Exporter）：** 从被监控对象中收集度量指标，以OpenMetrics格式显示并记录这些指标。

3）提供 Adapter（可选的，作为一种可插拔、动态加载的组件）：由原有格式转换为 OpenMetrics 格式；分析此蓝图所涉及的监控系统是否需要开发适配器。

Akraino Profiling 项目与其他蓝图的集成关系如图 4-20 所示。

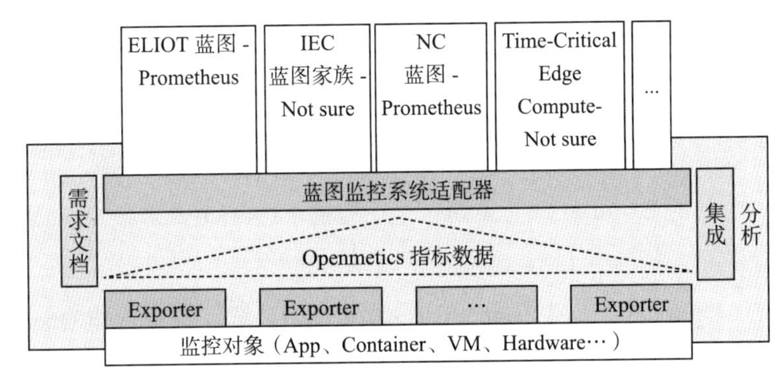

图 4-20　Akraino Profiling 项目与其他蓝图的集成关系

社区也给出了 Profiling 的参考实现，此参考实现与 OpenMetrics 是兼容的，如图 4-21 所示。

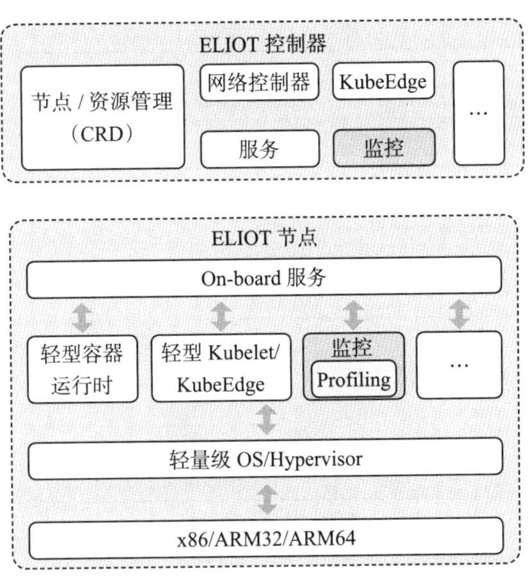

图 4-21　兼容 OpenMetrics 的 Profiling 参考实现

Profiling项目主要是包括如下部分：

- 监控（Monitoring）：开发者或者监控工具，使用Prometheus和Cadvisor去监控资源。
- Profiling：通过增加或更新Exporter（指标上报者）去采集和暴露OpenMetrics格式的监控指标并发送到ELIOT管理器中的Prometheus服务端。

在此参考实现下，开发流程如下：

1）预分析数据，直接操作分析OpenMetrics格式的监控指标数据。

2）增加一个新的Exporter或者更新一个已有的Exporter去采集OpenMetrics格式的数据。

3）ELIOT（Optional）使用Prometheus作为采集系统，直接操作OpenMetrics格式的指标数据。

4）开发者可以通过开发Ansible/Helm格式的脚本在ELIOT上集成Profiling工具。

另外一种不兼容OpenMetrics的参考实现如图4-22所示。

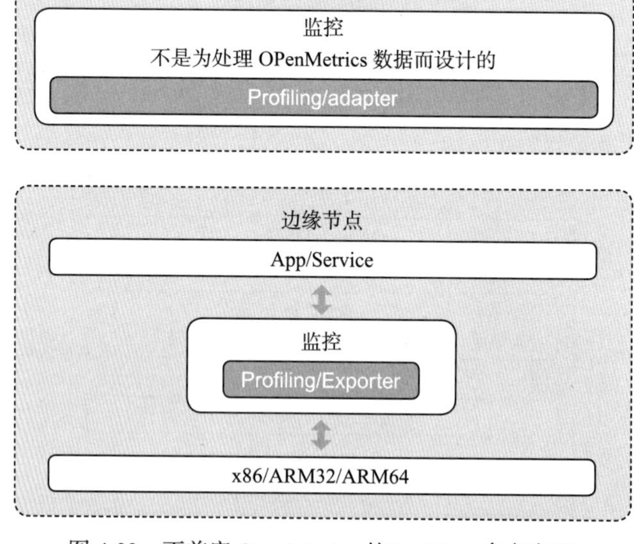

图4-22 不兼容OpenMetrics的Profiling参考实现

图 4-22 所示中的 Monitoring 涉及的 Profiling 项目下的模块如下：

1）监控（Monitoring）：

- 开发者或者监控工具。
- 使用 Ganglia、Nagiso 或者其他自有的采集工具去监控资源。

2）Profiling：

- **边缘节点：**增加或者重新开发 Exporter 去采集和上报 OpenMetrics 格式的数据，并将这些数据发送给部署在远端管理器的监控工具。
- **云端管理器**（CloudManager）：开发适配器以将 OpenMetrics 格式的监控数据转换成其系统可以操作的格式。

这种不兼容 OpenMetrics 的实现方式，参考实现如下（以云端的 Ganglia 和边缘侧的 gmond 为例）：

- **预分析数据：**决定使用哪种监控指标。
- **Exporter：**重新开发 gmond_exporter 来提供 OpenMetrics 格式数据并将数据发送到部署在远端的 Ganglia。
- **Adapter：**开发 Ganglia 适配器以将 OpenMetrics 格式的数据转化为 Ganglia 可识别的数据格式。Ganglia 是必备的。

4.4.5　API Framework 项目

API Framework 项目是一系列机制的组合，这些机制使得 MEC 的应用可以在分布式的云（即边缘云和中心云）上进行部署。API Framework 提供了一系列服务，通过绑定服务于 MEC 的应用，使得 MEC 的应用不但可以在本地使用 API Framework 的服务，还可以远程访问并使用该服务。

这些服务能力（或者说 API Framework）可以通过一个平台暴露出来，MEC 应用可以注册（或者绑定）到该平台，至此一个基础可用的微服务框架便被搭建起来了。

目前业界最流行的通信协议是基于HTTP的Restful接口，这是API Framework默认支持的。如果一个MEC的应用需要支持多种通信协议，或者某个MEC应用需要支持能力更强的通信协议，API Framework也为此提供了替代的通信协议方案：如MQTT、AMQP、Kafka或者其他通信协议。

API Framework特性项目的框架是基于OpenAPI 2.0/3.0实现的。

5G系统的关键驱动因素之一便是通过边缘云实现超低时延和高可靠的通信能力。边缘云使得服务可以部署在更靠近最终用户的云上，并且可以通过学习开放MEC应用的上下文信息，快速使能或构建新的服务。部署在分布式云（即边缘和中心云）中的应用程序可以使用服务提供者所提供的服务。

在API Framework框架中，这些服务的学习能力可以通过机器学习去实现。

- **作为服务使用者：**可以通过API Framework发现云上所有可用的服务。
- **作为服务提供者：**可以通过API Framework宣传自己的产品。

如上所述，对于服务使用者和提供商之间的交互，除了可以使用API Framework的服务发现功能外，还可以通过API Framework来允许身份验证和授权，进而提供对多种通信协议的支持。这些在商业中有很多应用案例，如：

- 企业网络中的应用程序，基于位置和Wifi网络信息的上下文信息提供服务。
- 在工厂的专用网络中，应用程序收集物联网传感器信息并将其用于机器学习。
- 使用来自移动网络的无线电网络信息和V2X控制路径信息，通过边缘云中的应用向路上的车辆提供安全信息。

API Framework在Akraino参考架构（Reference Architecture）中所处的位置如图4-23中黑色框所示。

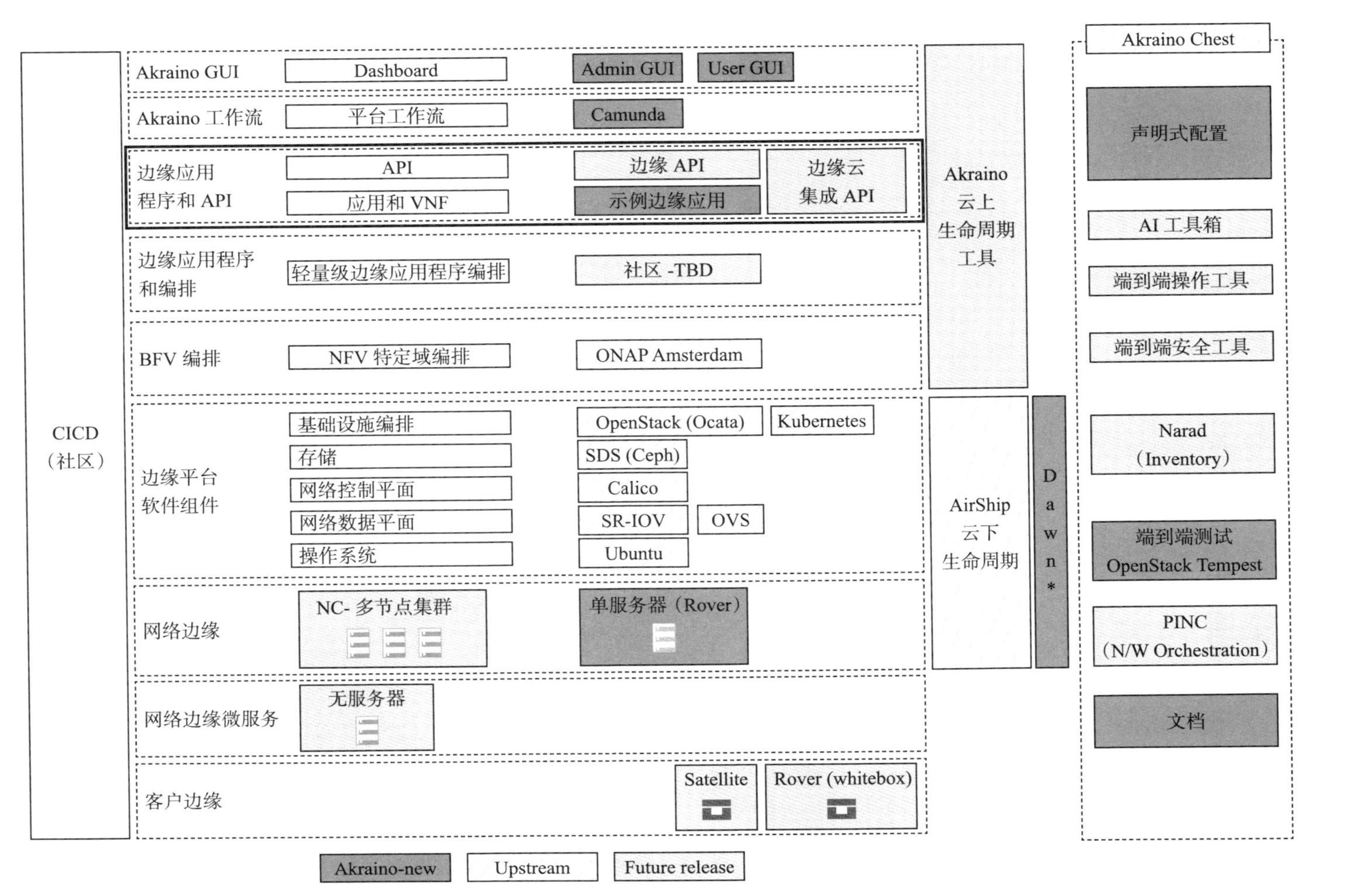

图 4-23 API Framework 在 Akraino 参考架构中所处的位置

API Framework 可使能 MEC 应用使其方便地在分布式云上使用：

1）API 启用（API Enablement），可以提供给本地或者远端授权的应用使用，API Framework 提供了以下能力：

- 服务注册（Service registration）；
- 服务发现（Service Discovery）；
- 新注册服务通知（New Service notifications）；
- 服务可用通知（Service availabity notifications）。

2）API 设计原则（Principles）：

- 来源于 TMF 和 OMA 的最佳实践。
- 不管此 API 是否属于 ETSI 的范畴，在开发和编写文档的时候，都通过这些原则来保证 API 的一致性。
- 这些 API 的设计思路旨在对 MEC 应用开发者友好、易于实现，并且易于促进创新。

3）与特定服务相关的 API：

- 服务提供商通过特定的 API 来暴露网络和服务的上下文给应用。
- 不同的服务适用于不同的地点（边缘或中心）。

第 5 章 Chapter 5

EdgeGallery 架构详解

EdgeGallery 是华为公司联合运营商、设备厂商、行业应用伙伴一起发起的国内首个面向电信运营商网络边缘的 MEC 边缘计算开源项目。EdgeGallery 社区聚焦在运营商网络边缘 MEC 平台框架，通过开源协作构建关于 MEC 边缘的资源、应用、安全、管理的基础框架和网络开放服务的事实标准，并实现同公有云的互联互通。在兼容边缘基础设施异构差异化的基础上，构建起统一的 MEC 应用生态系统。

5.1 EdgeGallery 项目概述

EdgeGallery 要解决的是运营商 MEC 边缘计算平台因标准不统一而带来的生态碎片化、产业规模做不大的问题。

MEC 是 5G 时代运营商新的蓝海市场，通过 MEC 平台，运营商可以把“连接 + 计算”的能力开放给行业应用，获取行业数字化的价值红利。

MEC 本质上是一个面向开发者的 ICT 基础设施市场，竞争力体现在为应用开发者提供软件基础平台和丰富的工具链，市场结果体现在应用生态的丰富程度上。

运营商对软件平台的研发传统模式是联合ISV进行定制开发。如果MEC平台也采用传统模式，自然会导致不同运营商的MEC平台接口不一致、工具链不兼容的问题。全球运营商很多，每个运营商都是区域化运营，这就会形成很多碎片化市场。

应用和解决方案往往需要针对不同平台进行应用的定制开发，这会导致产生巨大的学习成本和开发成本，结果就是大部分开发者因无法承受这样的成本而放弃。

华为联合运营商一起，通过开源来打造一个公共的MEC平台和相关工具链，就是为了让整个电信产业形成统一的MEC标准，一起做大MEC的市场空间。

5.2 EdgeGallery技术架构

本节将整体介绍EdgeGallery边缘计算开源项目的技术方案，包括该项目的技术目标与约束、方案的架构设计、功能接口定义以及关键流程设计等。

5.2.1 方案目标与约束依赖

MEC（Multi-Access Edge Computing）即多接入边缘计算，一般指网络运营商将网络能力下沉到网络边缘，为内容提供商和应用开发者提供数据本地分流和云化计算环境的解决方案。该方案具有低时延、高吞吐、业务感知以及实时访问无线网络信息等能力。MEC提供统一的App生命周期管理、运维功能，并满足运营商快速部署业务服务的要求。

EdgeGallery开源软件包括MEP、MECM（极简管理面，包括MEPM以及MEAO的部分功能）、开发者工具链以及I/P层平台。EdgeGallery提供的主要功能是第三方App开发、移植、优化、集成验证，以及简单的自助管理，以功能需求（见表5-1）为起点，目标是建设最受欢迎的MEC开源平台：

- **极简管理能力：**提供边缘站点、边缘App等极简集中管理能力。

- **边缘节点自治能力：**在边缘站点部署 App LCM，提供边缘自治能力。
- **云边协同能力：**提供云连接器，支持云上能力的调用以及云上应用的迁移。
- **能力开放：**提供能力易集成框架，面向 App 赋能本地能力。
- **开发者界面：**提供 ARM 工具链、开发者 IDE Plugin，边缘 App 无码集成以及 ARM 迁移。
- **切片融合能力：**与 5GC 切片能力完全融合。

表 5-1　关键架构需求列表

需求名称	需求说明
支持能力开放	支持基础 API 网关框架，支持 QoS 开放 API、终端位置信息等
支持 App 集成和服务治理	支持 ETSI MEC 定义 MP1 接口和完整状态机功能
支持 App 业务分流	SA 场景实现 AF 边缘调度和按需 UL CL 分流（ULCL 插入），以及 App LB 负载均衡功能
支持 App 快速上下线	完成边缘站点侧 App 上下线功能配套
边缘节点自治	离线状态下，边缘节点 App 生命周期管理
支持 DNS 服务	DNS Server、DNS Proxy 等
支持 ARM 迁移	ARM 工具链、ARM 指令集模拟等
支持开发套件	开发者 IDE、SDK 等

EdgeGallery 具有易开发、易集成、易部署的特点，并有如下假设和依赖：

- MEP 不包含 UPF 开源部件，但需要支持与 UPF 的松耦合部署。
- App LCM 下沉至边缘侧，与 I/P 层对接，由 MECM 进行 App 生命周期的管理。
- EdgeGallery 聚焦容器应用生态建设，阶段性支持虚拟机应用。
- EdgeGallery 开发工具链，包括应用分析、移植、编译、优化、开发者 IDE Plugin、SDK、聚焦无码集成以及 ARM 移植。
- EdgeGallery 提供 App 以及 MEP 遵从测试。
- MEP 本地运维 Portal 依赖 MECM Protal 并进行本地化精简。

5.2.2　方案架构设计

EdgeGallery 的整体方案设计如图 5-1 所示，主要包括 MEP、MECM、轻量化

Kubernetes、Cloud Connector以及App Agent等部件。

- MEP：MEC Platform。根据MEC标准定义的MEC平台网元，部署在边缘位置。为ME App提供服务治理能力（发布、发现、订阅、消费）；接收MECM下发的流规则配置，并下发给Data plane；接收MEPM下发的DNS策略并配置到DNS服务（Server/Proxy）中；提供App集成运维状态监控功能；为ME App提供能力开放、DNS等公共业务服务。
- MECM：提供极简的MEC管理能力，包括MEPM的服务部署、生命周期管理、流规则和DNS规则管理，以及MEAO部署的主机、可用资源、可用服务、软件仓库、触发App应用部署实例化或终结。
- 轻量化Kubernetes：轻量化I/P层平台，为部署于边缘位置的MEP和应用提供容器/VM部署和资源管理、服务治理、异构硬件管理、轻量级VNFM等服务。
- Cloud Connector：提供对公有云服务的连接功能，以及中心应用的边缘迁移功能。
- App Agent：提供App无码集成，以及对应能力的调用，包括MEP本地能力以及与Cloud Connector的连接。

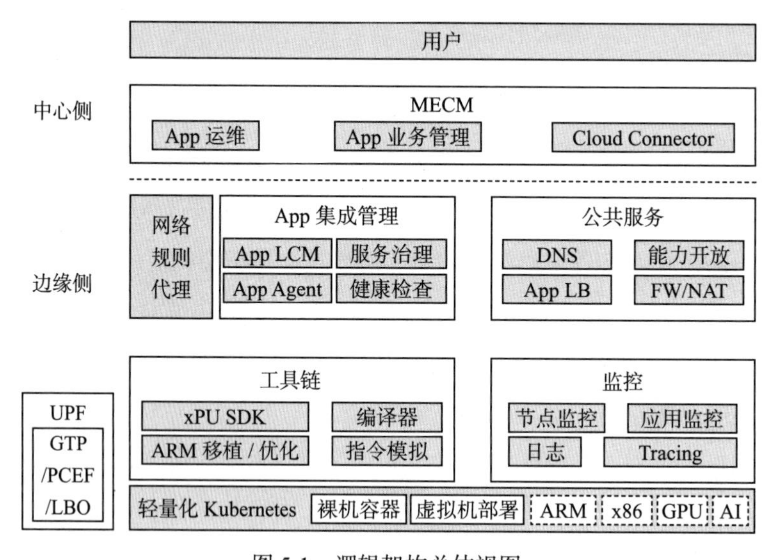

图5-1　逻辑架构总体视图

从生态的角度出发，可以把EdgeGallery的部件分为两类——开发域和用户域。

1. 开发域

开发域主要涉及如下方面：

1）开发者门户：提供开源开发者统一入口，包括开发流程、工具链、测试验证介绍、开发者交流论坛、在线开发 IDE Plugin，开发者门户的架构设计如图 5-2 所示。

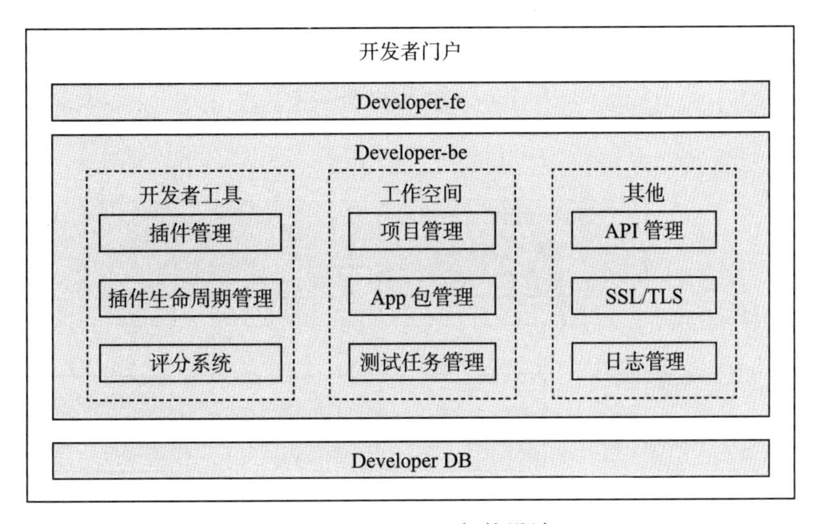

图 5-2　Developer 架构设计

2）开发者 IDE Plugin：提供网页版的开发快速入口，包括新开发应用以及应用移植两种模式，开发者可以指定需要平台提供的能力，IDE Plugin 会统一打包至 App Agent 并提供样例代码给开发者。

3）MEP 测试：MEP 接口测试，确保 App 兼容开源和产品平台的基础测试。

4）App 测试：App 能力测试，确保 App 遵从兼容性测试以及平滑迁移。

5）App 商城：Catalog 功能，App 通过测试后，上线至商城，实现产品的预集成功能。App 商城的架构设计如图 5-3 所示。

6）验证环境：MEP、I/P 层，开发者自验证环境，提供一键安装能力和指南。

7）系统集成测试：提供完整的 EdgeGallery 测试框架，包括端到端的用例测试、性能测试等，测试框架如图 5-4 所示。

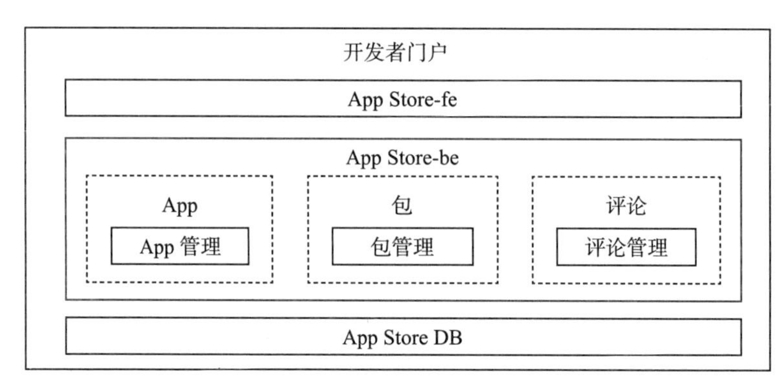

图5-3 App Store架构设计

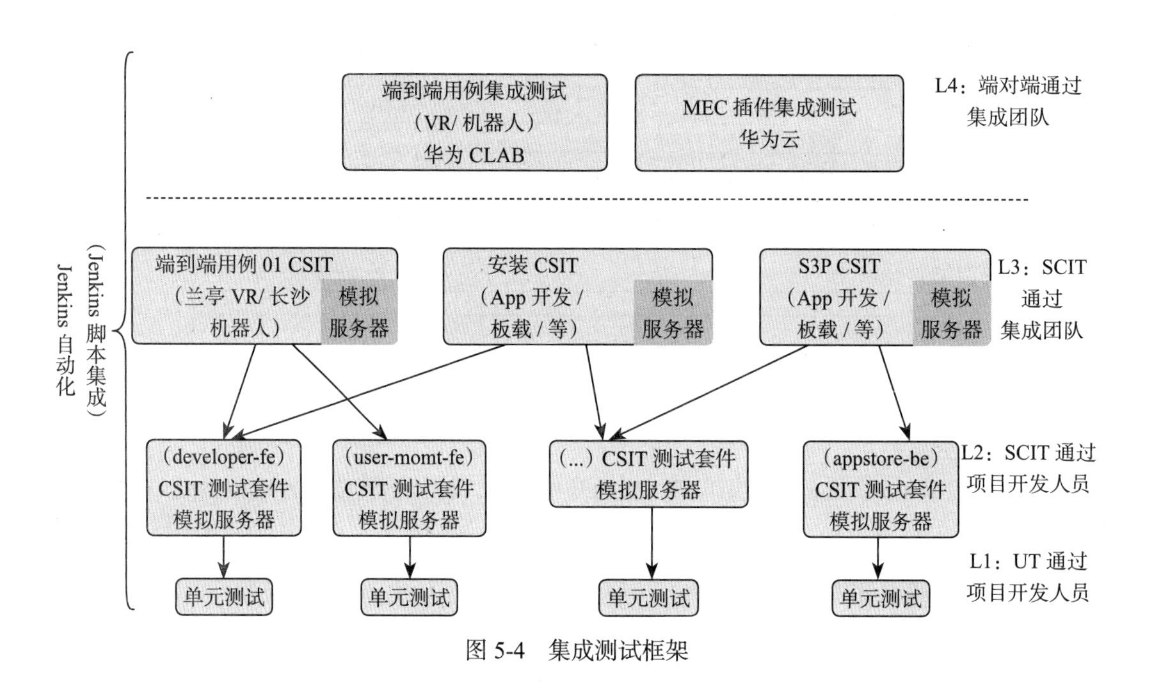

图5-4 集成测试框架

2. 用户域

用户域主要涉及如下几个方面：

1）App商城：与EdgeGallery开源伙伴共享商城App，统一App模板以及测试验证用例。

2）MECM：提供极简的用户自主管理功能，包括节点管理、App 生命周期管理、App 上下线可视、App Package 管理、监控等，MECM 架构设计如图 5-5 所示。

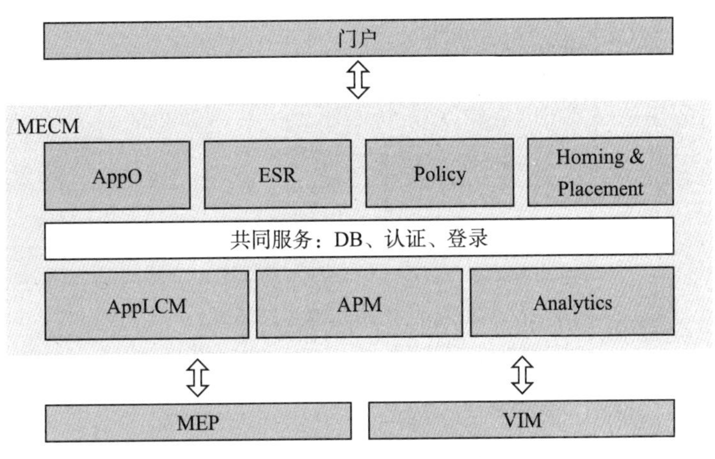

图 5-5　MECM 架构设计

3）验证环境：MEP、I/P 层，应用验证以及遵从性测试环境，提供一键安装能力和指南。

5.2.3　核心模块 MEP 功能解析

MEP 主要涵盖的功能前面已介绍过，这里不再重复。

1. MEP 部署

MEP 以容器服务的形式部署在边缘侧的 K8S 集群上，主要包含如下模块：

- API GW：API 网关，作为 App 访问 MEP 的入口，包含接口访问鉴权。
- SR：服务注册发现模块，提供 MP1 接口，供 App 将服务注册、发布到 MEP 平台。
- DNS：MEP 提供的 DNS 服务，能为 App 和服务提供 DNS 支持和 DNS 规则配置。

MEP 在环境中的部署形态如图 5-6 所示。

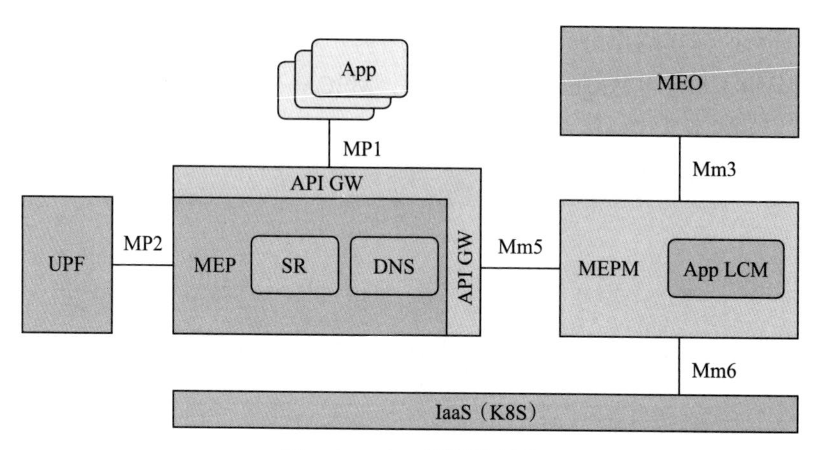

图 5-6　MEP 部署形态图

图 5-6 中涉及的关联 MEP 的主要接口有：

- MP1：App 与 MEP 之间，提供 App 服务注册发现、流规则、DNS 规则配置能力。
- MP2 ：MEP 与 UPF 之间，指示 UPF（用户数据平面）如何在应用程序之间路由流量、网络。
- Mm5 ：MEPM 与 MEP 之间，执行平台配置、配置 App 规则和要求、应用程序生命周期支持和重定位等。

对于 App 来说，最重要的接口为 MP1，其是用来将 App 所提供的服务注册到 MEP 平台上，同时支持调用 Service 发现接口来调用 MEP 平台提供的服务或者第三方 App 提供的服务。

2. MEP 能力使用说明

MEP 对 App 提供如下服务：

- 服务注册、发现。
- 服务可用性查询、订阅、通知。
- 流规则查询、激活、去激活、更新。
- DNS 规则激活、去激活。

❑ App 获取平台定时能力、时间戳。

其中服务注册发现为 MEP 核心能力之一，如图 5-7 所示。

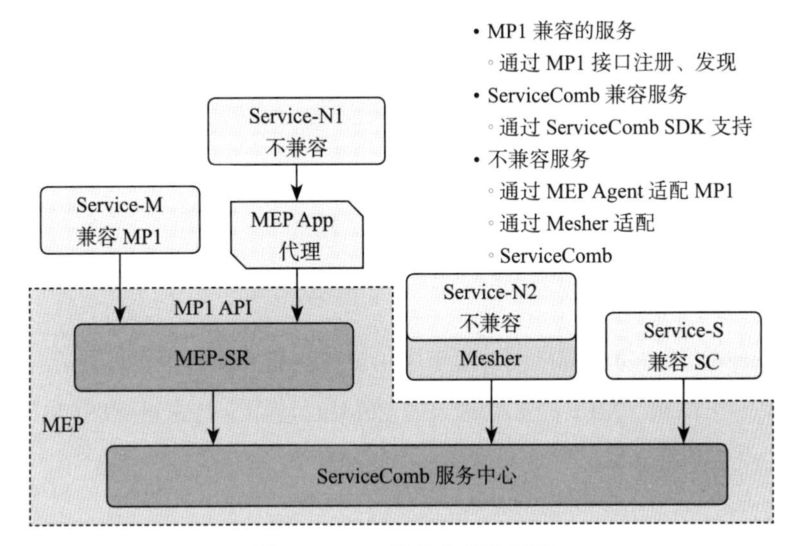

图 5-7　MEP 服务注册发现图

对于 App 来说，MEP 平台原生提供的服务注册发现接口 MP1 遵循 ETSI MEC 011 标准文档 v2.1.1。如果应用 App 原生支持 MP1 接口，则可以直接通过该接口进行服务注册发现。如果应用 App 不支持 MP1 接口，则需要通过 MEP Agent 来适配 MP1 接口进行服务注册发现。

3. MEP-Agent

MEP-Agent 为边缘应用注册到 MEP 提供了代理服务，边缘应用无须调用 ETSI 定义的标准接口，通过 MEP-Agent 即可将自身注册到 MEP，如图 5-8 所示。

Developer 开发者平台在部署和测试边缘应用的过程中，会自动为边缘应用配置 MEP-Agent 并将相关配置内容写入 csar 包上传到 App Store，开发者不需要显式关注 MEP-Agent，它会随着应用自动启停。

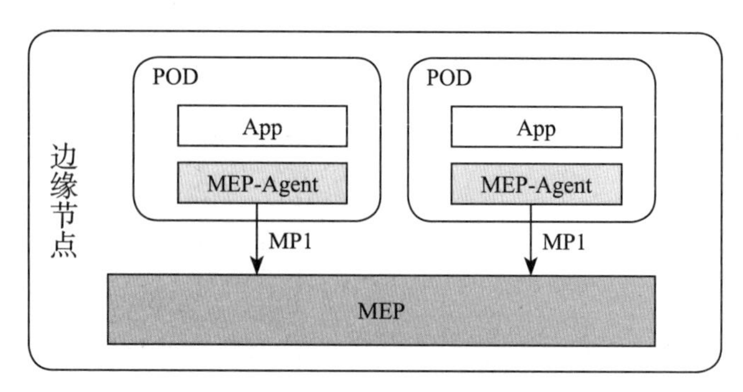

图 5-8　MEP-Agent 注册图

5.2.4　功能接口定义

EdgeGallery 定义的功能接口主要用于应用服务注册发现、下发部署等，管理开发者可以依据开发需求调用。MEP 服务管理 API 和 MEC 应用支持来自 ETSI MEC011 v2.1.1 标准文档的定义。

MEP 服务管理的 API 的 URI 资源结构如图 5-9 所示。

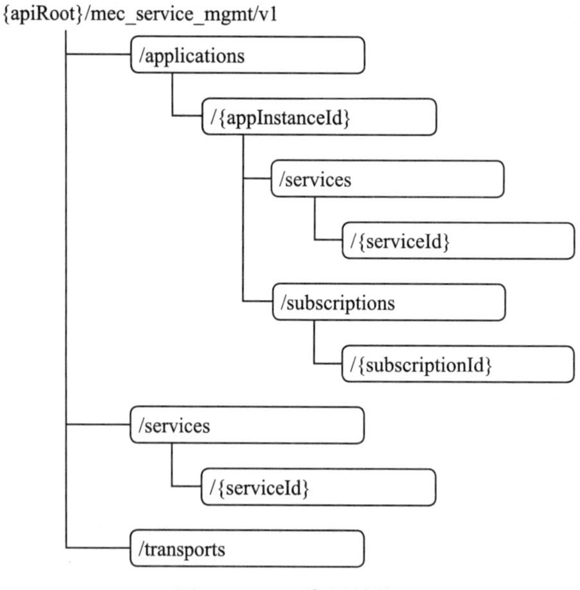

图 5-9　URI 资源结构

MEP 服务管理 API 列表如下：

```
AppSubscriptions
GET/Applications/{AppInstanceId}/subscriptions
POST/Applications/{AppInstanceId}/subscriptions
GET/Applications/{AppInstanceId}/subscriptions/{subscriptionId}
DELETE/Applications/{AppInstanceId}/subscriptions/{subscriptionId}
AppServices
GET/Applications/{AppInstanceId}/Services
POST/Applications/{AppInstanceId}/Services
GET/Applications/{AppInstanceId}/Services/{ServiceId}
PUT/Applications/{AppInstanceId}/Services/{ServiceId}
DELETE/Applications/{AppInstanceId}/Services/{ServiceId}
```

上述应用服务管理 API 主要包含应用服务接口、可用事件订阅接口、终止事件订阅接口。应用通过 MEP 进行服务注册，当服务消费者期望使用服务供应者的服务时，需要通过 MEP 订阅服务供应者的服务状态。通过订阅接口，MEP 能够识别服务消费者关注的服务，在服务状态发生变化时，能够将相关的服务状态通知到服务消费者。应用能够通过 MEP 应用服务管理进行服务状态的订阅、更新、删除、查询。相关查询接口如下：

- GET /{apiRoot}/mep/v1/capabilities：MEP 能力查询，通过该接口查询 MEP 平台能力。
- GET /{apiRoot}/mep/v1/Applications/：App 列表获取，通过该接口获取 MEP 上所有 App 信息。
- GET /{apiRoot}/mep/v1/Applications/{AppInstanceId}：App 状态查询，通过该接口获取某个 App 的信息。
- GET /{apiRoot}/mep/v1/Applications/{AppInstanceId}/Services：App 能力查询，通过该接口查询某个 App 服务相关信息。

MEC 应用支持的 API 的 URI 资源结构如图 5-10 所示。

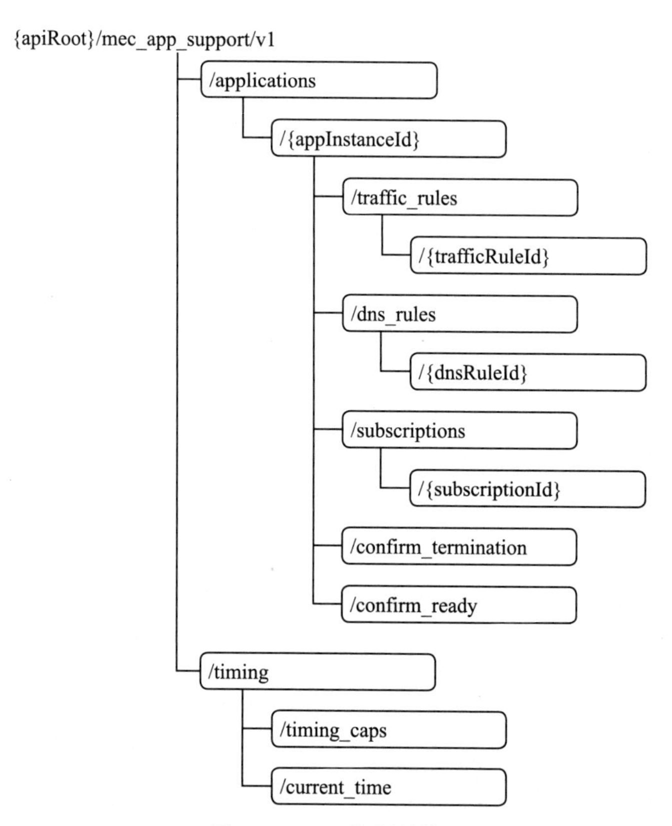

图 5-10　URI 资源结构

MEC 应用支持的 API 列表如下：

```
APM
POST/tenant/{tenant}/package/{AppPkgId}  # Onboards an App package to mec host
DELETE /tenant/{tenant}/package/{AppPkgId} # Deletes an App package
DELETE /tenant/{tenant}/package/{AppPkgId}/host/{hostIp} #  Deletes an host in
    App package
GET/tenant/{tenant}/package/{AppPkgId} #  Returns specific App package info
GET/tenant/{tenant}/package  #  Returns all App package info
GET/packageresource/{AppPkgId}  #  Returns specific App package info
MEO
POST/mec/v1/mgmt/tenant/{tenant}/App_instance # Create an Application Instance
    on a version provided
POST/mec/v1/mgmt/tenant/{tenant}/App_instance/{AppInstance_id} # Instantiate
    an Instance on a version provided
```

```
GET/mec/v1/mgmt/tenant/{tenant}/App_instance/{Appinst_Id} # Get an Instance on
    a version provided
GET/tenant/{tenant}/AppInstanceInfo
GET/tenant/{tenant}/AppInstanceInfo/{AppInstanceInfo_id}
DELETE /mec/v1/mgmt/tenant/{tenant}/App_instance/{Appinst_Id}
App LCM
POST/mec/v1/AppLCM/App_instance/{AppInstance_id} # get Application list
GET/mec/v1/AppLCM/workload/{workload_id}/hostIp/{host_ip} # get workload
    status
DELETE/mec/v1/AppLCM/workload/{workload_id}/hostIp/{host_ip} # Delete the
    entry
ESR
POST/tenant/{tenant}/host # List of hosts
PUT/tenant/{tenant}/host/{host_ip} # Modify host based on ip
GET/tenant/{tenant}/host/{host_ip} # List of hosts
DELETE /tenant/{tenant}/host/{host_ip} # Delete host record based on
    ip(unique)
POST/tenant/{tenant}/App Store # Insert new App Store record
PUT/tenant/{tenant}/App Store/{url} # modify App Store record
GET/tenant/{tenant}/App Store/{url} # List of App Stores records
DELETE /tenant/{tenant}/App Store/{url} # Delete App Store record based on url
POST/tenant/{tenant}/AppLCM # Add new AppLCM record
PUT/tenant/{tenant}/AppLCM/{AppLCM_ip} # Modify existing AppLCM record
GET/tenant/{tenant}/AppLCM/{AppLCM_ip} # List of AppLCMs
DELETE /tenant/{tenant}/AppLCM/{AppLCM_ip} # Delete AppLCMs using tenant id
```

MEC应用支持的API中每个模块的功能描述如下：

- MEO：应用编排器负责编排应用生命周期管理的核心模块。
- ESR：外部系统注册，负责外部系统的注册，如MEC主机、App LCM、App Store等。
- App LCM：应用生命周期管理，基于底层云基础设施处理应用的生命周期，包括实例化、终止、状态查询等。
- APM：应用包管理器，负责应用包管理，包括上线、分发包到边缘等。
- 公共服务：为MECM单板的所有模块提供公共的服务，如DB、Logging、Authentication等。

5.2.5 关键流程设计

EdgeGallery 的关键流程设计包括单点登录、用户注册、用户登录、外部系统注册、MEP 部署流程、App 部署流程、应用上传及 App 集成测试流程。

这里说的单点登录系统基于 ServiceComb、Spring Security、Oauth2、JWT、Vue 等技术实现，采用 OAuth2 协议的授权码模式（authorization code），MECM、App Store、Developer 作为客户端，与认证服务器用户管理进行交互，实现单点登录与单点注销功能。使用 Cookie+Session 机制实现用户认证鉴权和超时退出功能，使用 JWT 存储用户基本信息，减轻认证服务器压力。单点登录和单点注销的时序图分别如图 5-11 和图 5-12 所示。

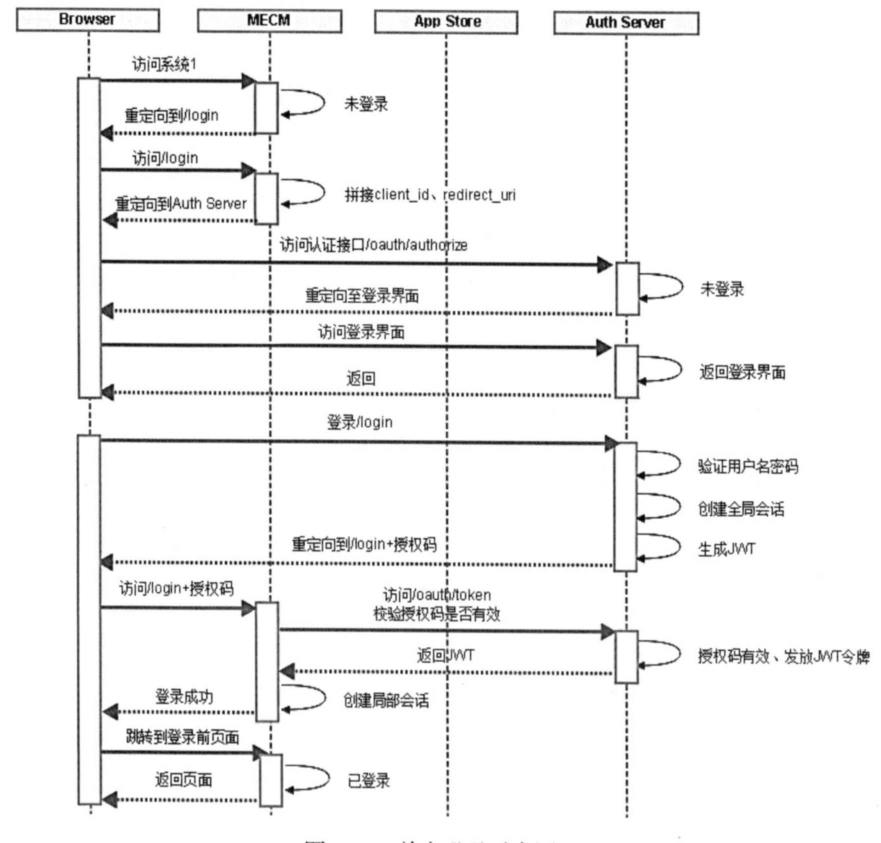

图 5-11　单点登录时序图

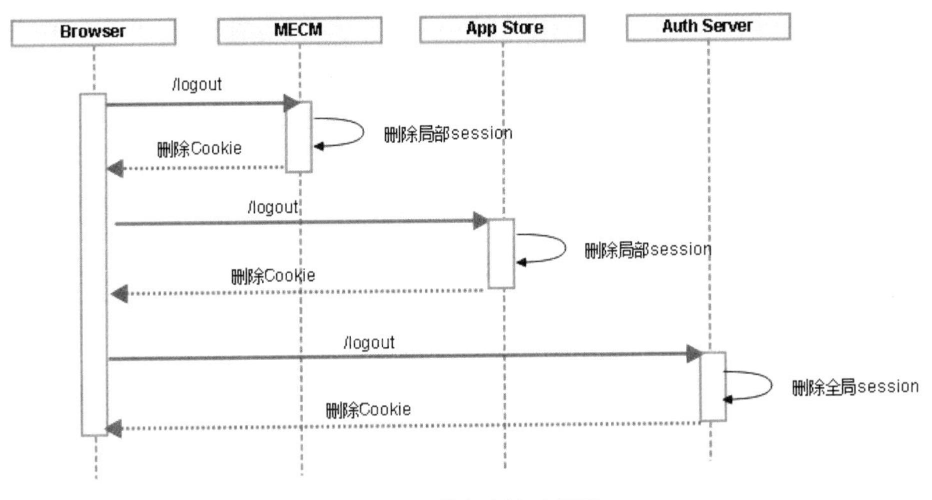

图 5-12　单点注销时序图

用户会使用手机验证来进行注册，在忘记密码时会使用手机重置密码，其中涉及的短信业务使用的是华为云消息与短信服务。用户注册流程如图 5-13 所示。

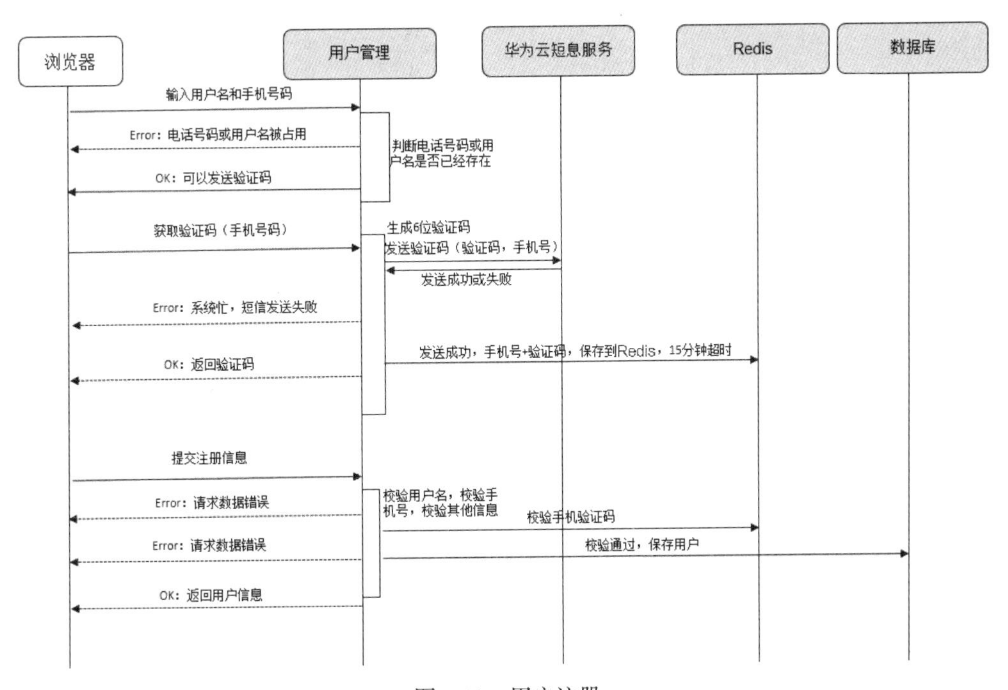

图 5-13　用户注册

用户可以在MEC任一平台上执行注册操作，如MEC开发者平台、App Store等，具体操作如下：

1）输入用户名和手机号码，系统会自动校验用户名和手机号码是否已经被注册，如果已经被注册，页面会提示用户修改，如果没有被注册，页面会提示用户名或手机号可用。

2）点击“获取验证码”，系统会自动生成6位数字形式的验证码，并通过华为云短信服务发送到注册的手机号中。系统会将验证码保存在Redis数据库中，有效期15分钟。

3）填写其他注册信息，点击“注册”，系统会校验用户输入数据的有效性，成功则保存注册数据，返回注册成功提示；失败则返回数据错误，要求用户重新输入。

用户登录流程如图5-14所示。

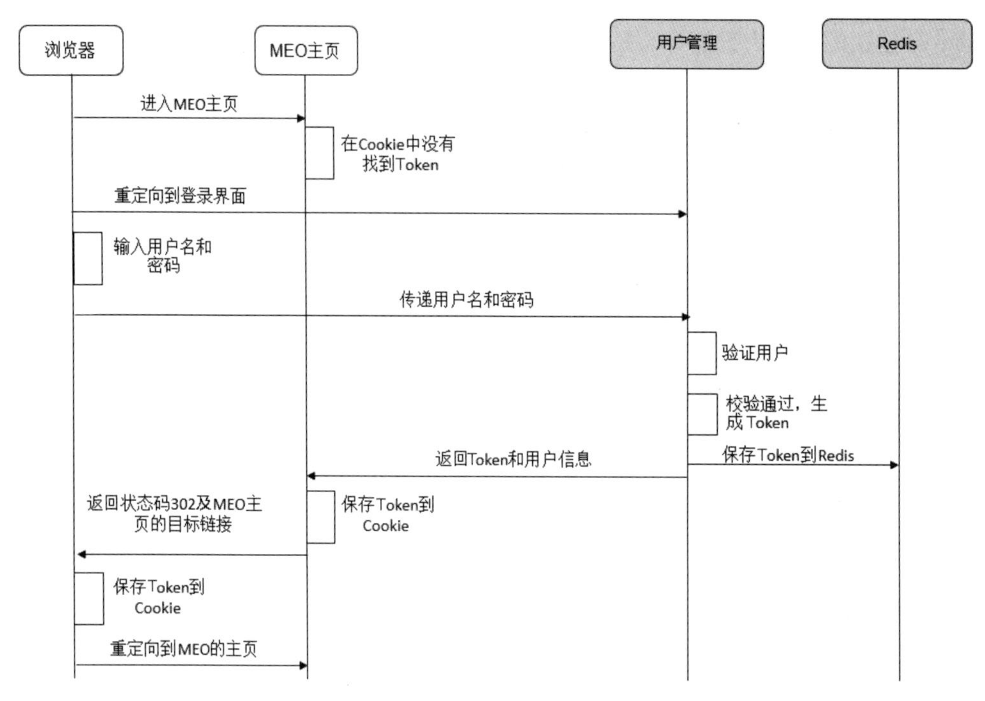

图5-14　用户登录

用户登录分为两种情况，第一种是用户首次登录，具体流程如下：

1）用户通过浏览器进入MEO首页。

2）MEO在Cookie中没有找到有效的Token，重定向当前界面到用户管理的登录界面。

3）用户输入用户名和密码进行登录。

4）系统会校验用户名和密码，校验通过后会生成Token，存入Redis，并返回Token和用户信息给MEO。

5）MEO将Token存入Cookie中，向浏览器返回302状态码和MEO主页的链接。

6）浏览器保存Token到Cookie，并根据返回的MEO主页链接跳转到MEO主页。

非首次登录的流程如图5-15所示。

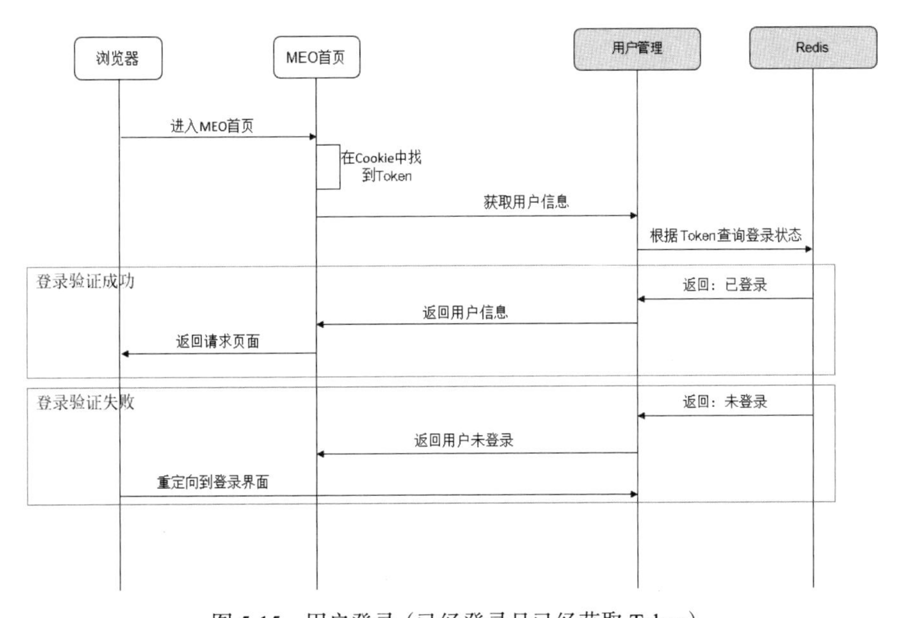

图5-15　用户登录（已经登录且已经获取Token）

第二种情况是用户登录过，再次登录，流程如下：

1）用户通过浏览器进入MEO首页。

2）MEO在Cookie中找到Token，使用此Token向用户管理系统请求用户信息。

3）用户管理系统从Redis中查询Token的状态，判断是否超时。

- 若Token未超时，用户管理系统返回用户信息，用户无须再次输入用户名和密码即可访问MEO首页。
- 若Token已超时，用户管理系统返回用户未登录的信息，MEO会重定向到登录界面让用户再次登录。

如果要添加新的MEC边缘服务器时，需要管理员登录MEO系统，按如下步骤向MEO注册边缘服务器，如图5-16所示。

1）注册新的MEC边缘服务器，ESR（外部存储系统）存储服务器信息，MEO确认注册。

2）注册MEPM和App LCM的信息，ESR存储MEPM和App LCM信息，MEO确认注册。

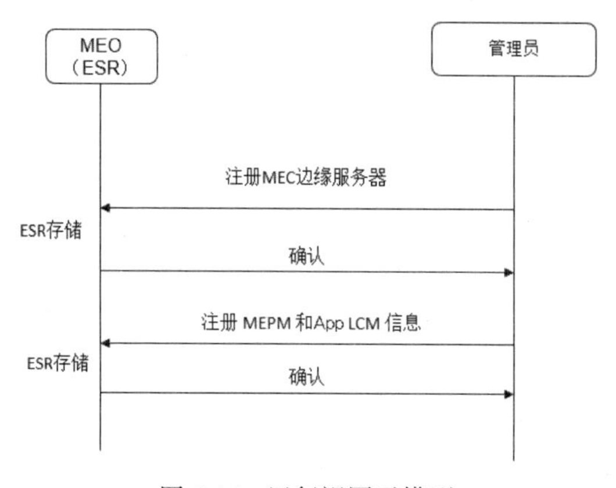

图5-16　运行视图元模型

MEP可以看作带有MEP标签的特殊应用程序，用户可以选择在指定的MEC主机（边缘服务器）上部署MEP。部署流程如图5-17所示。

1）用户登录MEAO，MEAO会从ESR查询出能够部署MEP的MEC边缘服务器列表。

2）用户在MEAO上选择在指定的边缘服务器上部署MEP。

3）MEAO将部署MEP的请求发送到MEPM。

4）MEPM 通过边缘云在指定服务器上分配资源，并提取 MEP 软件包，获取软件包中的 chart 文件，根据 chart 文件的描述进行 MEP 的部署。

5）MEPM 在 MEP 部署完成后会进行配置和健康检查（通过执行 MEP 的健康检查接口实现），确认成功后向 MEAO 返回部署成功的确认信息。

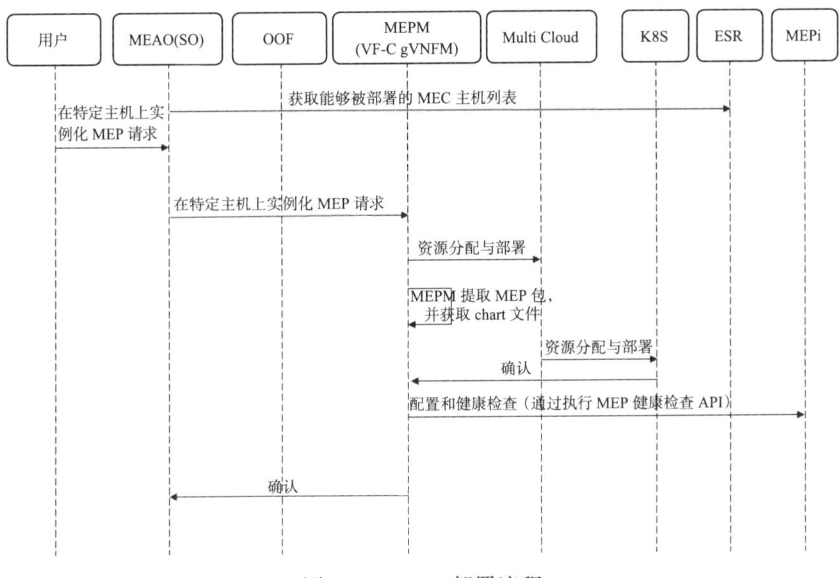

图 5-17　MEP 部署流程

MEAO 在收到部署（实例化）App 的请求时，会按照以下流程进行 App 部署，如图 5-18 所示。

1）先在 Catalog（App 信息记录处）中查询待部署 App 的详细信息，特别是 App 的标签信息。

2）根据 App 的标签信息通过 OOF 向 ESR 查询满足条件的 MEC 主机（边缘服务器）。

3）MEAO 通过 MEPM 向 App LCM 发送在指定边缘服务器上部署 App 的请求。

4）App LCM 提取到 App 软件包后，获取其中的 chart 文件，并根据 chart 文件在指定边缘服务器分配资源并部署 App。

5）部署好的 App 向 MEP 注册，MEP 会主动配置 App，并向管理面报告 App 状态，更新服务清单。

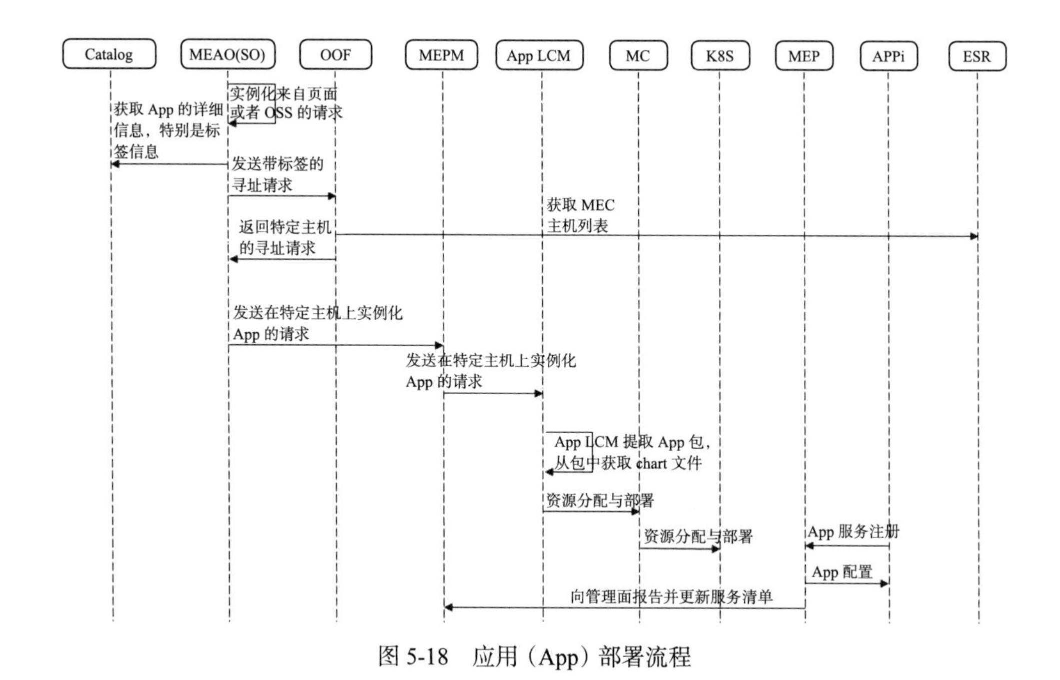

图 5-18　应用（App）部署流程

用户在通过管理面分发、上传自身的软件包和订阅的软件包的具体流程如下，如图5-19所示。

1）用户登录MEAO后，MEAO会从App Store获取当前用户开发的App列表，从MEPM获取用户订阅的其他App列表。

2）用户在MEAO上请求部署指定App，MEAO确认用户操作。

3）MEAO发送请求给MEPM。

4）MEPM从App Store处下载App软件包，并从ESR处获取符合App标签的MEC边缘服务器列表。

5）MEPM通过边缘云向指定MEC边缘服务器上传App软件包。

App集成测试流程如图5-20所示。由于MEC的App测试涉及特定的虚拟环境和硬件环境，为了让开发者更好地关注功能实现，开发者平台提供沙箱环境，供开发者完成App开发后的测试工作。开发者上传App到开发者平台，然后部署到沙箱环境，模拟真实场景进行功能测试。

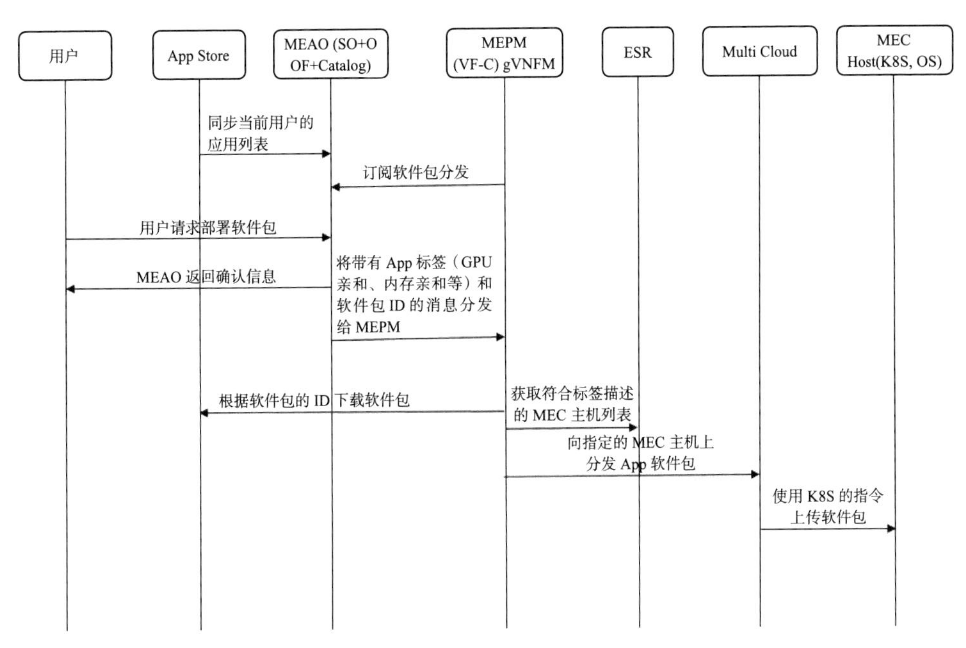

图 5-19　App 软件包分发上传流程

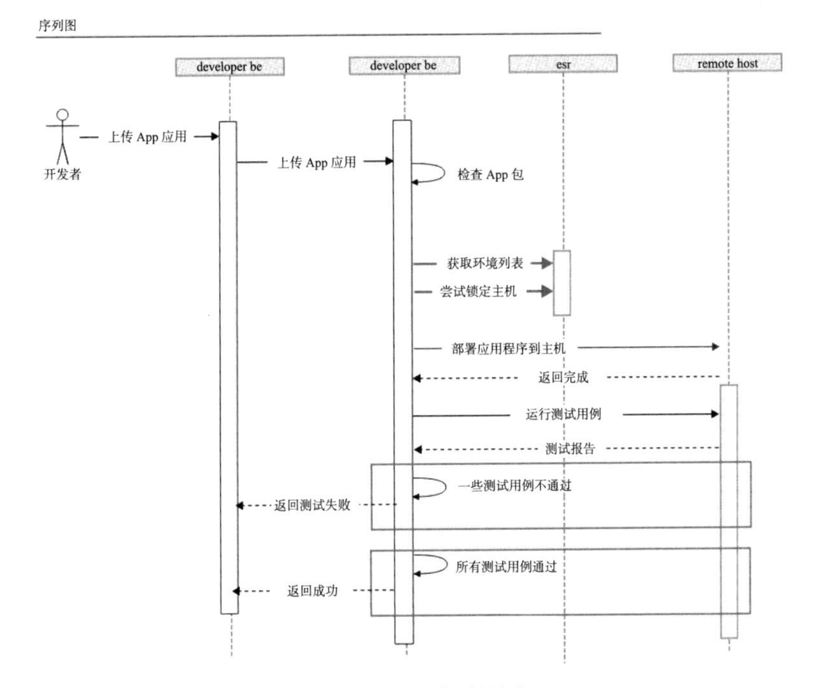

图 5-20　App 集成测试

Chapter 6 第6章

EdgeGallery边缘计算开源项目集成开发指南

本章主要介绍如何基于EdgeGallery进行应用的集成和开发，主要内容包括：边缘应用的部署流程、应用镜像的制作和配置，以及本地开发流程等。

6.1 开源项目应用集成指南

6.1.1 边缘应用部署流程

EdgeGallery采用ServiceComb的服务注册、发现方式，建议新服务用Java语言并基于ServiceComb开发，这样更易于集成。对于非Java语言开发的应用，建议以Restful API方式接入。

- **资源准备阶段**：EdgeGallery平台提供空白的容器或者虚拟机供App部署（如果App还没有虚拟化或者容器化）；EdgeGallery平台使用App厂商提供的容器或者虚拟机模板进行部署（如果App已经虚拟化完成）。

- **应用部署阶段：** App 技术人员根据平台所提供的虚拟机或者镜像进行部署（如果已经虚拟化）。
- **业务测试阶段：** 执行端到端的业务测试。

边缘应用为了获取低时延、高带宽，有两种部署方式：

- 部署在企业网络。
- 托管到 MEC 平台。

EdgeGallery 的平台、应用部署流程如图 6-1 所示。

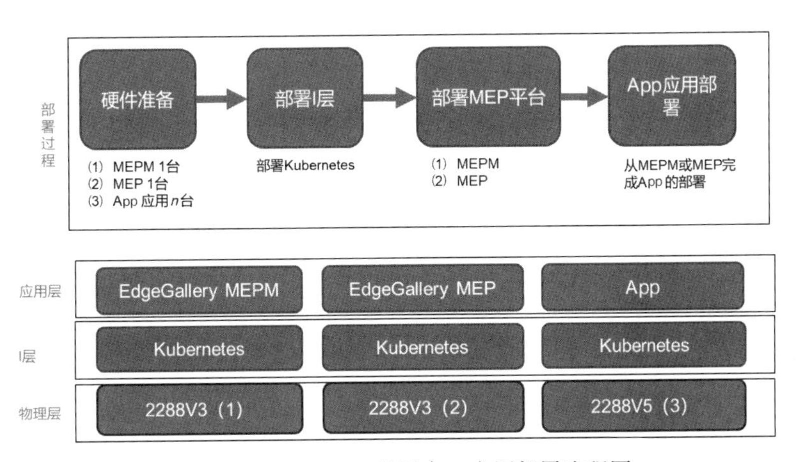

图 6-1　EdgeGallery 的平台、应用部署流程图

针对不同类型的应用，厂商部署应用的方式也略有不同。

1）虚拟机应用：

- 平台提供虚拟机，App 厂商手动安装。
- App 厂商提供自身虚拟机镜像，填写部署模板，平台自动安装。

2）容器应用：

- 平台提供容器，App 厂商手动安装。

❑ App厂商提供自身容器镜像（Docker），填写部署模板，平台自动安装。

6.1.2 应用镜像制作与配置

1. NVIDIA KubeVirt GPU Device Plugin配置

NVIDIA KubeVirt GPU Device Plugin是一个Kubernetes设备插件，专门用于服务Kubernetes集群中的KubeVirt工作负载，可以发现并暴露Kubernetes节点上的GPU和vGPU。该设备插件可以在Kubernetes集群中启动连接有GPU的KubeVirt虚拟机。

环境要求：

❑ Kubernetes版本不低于1.11。

❑ KubeVirt版本不低于0.22.0。

（1）配置NVIDIA GPU为GPU直通模式

GPU只有加载了VFIO-PCI驱动程序才能在直通模式下使用。

1）启用IOMMU和禁用nouveau驱动程序（以下命令需在每个Kubernetes节点执行）。

将“intel_iommu=on modprobe.blacklist=nouveau”添加到“GRUB_CMDLINE_LINUX”行中：

```
$ vi /etc/default/grub
# line 6: add (if AMD CPU, add [amd_iommu=on])
GRUB_TIMEOUT=5
GRUB_DISTRIBUTOR="$(sed 's, release .*$,,g' /etc/system-release)"
GRUB_DEFAULT=saved
GRUB_DISABLE_SUBMENU=true
GRUB_TERMINAL_OUTPUT="console"
GRUB_CMDLINE_LINUX="rd.lvm.lv=CentOS/root rd.lvm.lv=CentOS/swap rhgb quiet
    intel_iommu=on modprobe.blacklist=nouveau"
GRUB_DISABLE_RECOVERY="true"
```

更新 grub 配置，重启主机：

```
grub2-mkconfig -o /boot/grub2/grub.cfg
reboot
```

主机重启后，使用以下命令验证 IOMMU 是否已启用：

```
dmesg | grep -E "DMAR|IOMMU"
```

使用以下命令验证 nouveau 是否已禁用：

```
dmesg | grep -i nouveau
```

2）启用 vfio-pci 内核模块（以下命令需在每个 Kubernetes 节点执行）。使用以下命令确定 GPU 的供应商 ID 和设备 ID。例如在下面的示例中，供应商 ID 为 10de，设备 ID 为 1b38：

```
$ lspci -nn | grep -i nvidia
04:00.0 3D controller [0302]: NVIDIA Corporation GP102GL [Tesla P40] [10de:1b38]
    (rev a1)
```

使用以下命令更新 VFIO 配置，将供应商 ID 和设备 ID 替换为你的 GPU 的实际数值：

```
$ echo "options vfio-pci ids=vendor-ID:device-ID" > /etc/modprobe.d/vfio.conf
```

更新配置并重启主机以加载 VFIO-PCI 模块：

```
$ echo 'vfio-pci' > /etc/modules-load.d/vfio-pci.conf
$ reboot
```

验证是否为 GPU 加载了 VFIO-PCI 驱动程序：

```
$ lspci -nnk -d 10de:
04:00.0 3D controller [0302]: NVIDIA Corporation GP102GL [Tesla P40] [10de:1b38]
```

```
(rev a1)
    Subsystem: NVIDIA Corporation Device [10de:11d9]
    Kernel driver in use: vfio-pci
    Kernel modules: nouveau
```

（2）开启KubeVirt GPU feature gate

以下命令只需在Kubernetes Master节点执行一次。在Kubernetes中创建以下ConfigMap以开启KubeVirt GPU feature gate：

```
apiVersion: v1
kind: ConfigMap
metaData:
    name: KubeVirt-config
    namespace: KubeVirt
    labels:
        KubeVirt.io: ""
Data:
    feature-gates: "GPU"
```

（3）部署NVIDIA KubeVirt GPU Device Plugin

以下命令只需在Kubernetes Master节点执行一次。在Kubernetes中创建以下Daemonet以部署NVIDIA KubeVirt GPU Device Plugin：

```
apiVersion: Apps/v1
kind: DaemonSet
metaData:
    name: nvidia-KubeVirt-gpu-dp-daemonset
    namespace: kube-system
spec:
    selector:
        matchLabels:
        name: nvidia-KubeVirt-gpu-dp-ds
    Template:
        metaData:
            # 将此 POD 看作一个关键调度程序，启动时将为关键附加模块预留资源，以便发生故障
              时可重新调度它们
```

```
annotations:
    scheduler.alpha.Kubernetes.io/critical-pod: ""
labels:
    name: nvidia-KubeVirt-gpu-dp-ds
spec:
tolerations:
# 允许节点处于“仅限关键附加组件”模式时重新调度此架构
# 这里同样将 POD 作为一个关键的附加组件
- key: CriticalAddonsOnly
    operator: Exists
Containers:
- name: nvidia-KubeVirt-gpu-dp-ctr
    image: nvcr.io/nvidia/KubeVirt-gpu-device-plugin:v1.0.0
    securityContext:
        allowPrivilegeEscalation: false
        capabilities:
            drop: ["ALL"]
    volumeMounts:
        - name: device-plugin
            mountPath: /var/lib/kubelet/device-plugins
    imagePullSecrets:
    - name: regcred
    volumes:
        - name: device-plugin
            hostPath:
                path: /var/lib/kubelet/device-plugins
```

2. KubeVirt 安装

KubeVirt 是 Kubernetes 的虚拟机管理插件，可为 Kubernetes 上的虚拟化解决方案提供一个通用基础。

KubeVirt 的核心是通过 Kubernetes 的自定义资源定义 API，添加其他虚拟化资源类型（特别是 VM 类型）来扩展 Kubernetes。通过使用这种机制，可以使用 Kubernetes API 与 Kubernetes 提供的所有其他资源一起管理相关虚拟机资源。

环境要求：

- Kubernetes集群（需要Kubernetes 1.10或更高版本才能运行KubeVirt）；
- kubectl客户端程序；
- Git。

当前，KubeVirt支持以下容器运行时：

- Docker；
- crio（with runv）。

（1）验证硬件虚拟化支持

使用virt-host-validate qemu命令验证硬件虚拟化支持。如果环境没有安装virt-host-validate工具，CentOS系统应执行yum install libvirt-client命令，Ubuntu系统应执行apt-get install libvirt-clients命令，以便安装virt-host-validate：

```
$ virt-host-validate qemu
    QEMU: Checking for hardware Virtualization                          : PASS
    QEMU: Checking if device /dev/kvm exists                            : PASS
    QEMU: Checking if device /dev/kvm is accessible                     : PASS
    QEMU: Checking if device /dev/vhost-net exists                      : PASS
    QEMU: Checking if device /dev/net/tun exists                        : PASS
...
```

如果有failed项目则需开启软件虚拟化功能。

（2）开启软件虚拟化

以下命令只需在Kubernetes Master节点执行一次：

```
$ kubectl create namespace KubeVirt
$ kubectl create configmap -n KubeVirt KubeVirt-config \
    --from-literal debug.useEmulation=true
```

（3）安装 KubeVirt 组件

以下命令只需在 Kubernetes Master 节点执行一次：

```
$ export RELEASE=v0.24.0
# creates KubeVirt operator
$ kubectl Apply -f https://github.com/KubeVirt/KubeVirt/releases/
    download/${RELEASE}/KubeVirt-operator.YAML
# creates KubeVirt KV custom resource
$ kubectl Apply -f https://github.com/KubeVirt/KubeVirt/releases/
    download/${RELEASE}/KubeVirt-cr.YAML
```

所有 KubeVirt 组件将部署在 KubeVirt 命名空间下：

```
kubectl get pods -n KubeVirt
NAME                                  READY    STATUS     RESTARTS   AGE
virt-api-6d4fc3cf8a-b2ere             1/1      Running    0          1m
virt-controller-5d9fc8cf8b-n5trt      1/1      Running    0          1m
virt-handler-vwdjx                    1/1      Running    0          1m
...
```

（4）安装 virtctl 命令行工具

以下命令只需在 Kubernetes Master 节点执行一次。

1）下载 virtctl 命令行工具：

```
wget https://github.com/KubeVirt/KubeVirt/releases/download/v0.24.0/virtctl-
    v0.24.0-Linux-amd64
```

2）重命名解压得到的 virtctl 工具：

```
mv virtctl-v0.24.0-Linux-amd64 virtctl
```

3）修改 virtctl 执行权限：

```
chmod +x virtctl
```

3. KubeVirt Containerdisk制作

KubeVirt支持以Containerdisk的形式制作VirtualMachineInstance虚拟机磁盘镜像。Containerdisk功能提供了在容器镜像registry中存储和分发虚拟机磁盘镜像的能力。

可以在VirtualMachineInstance规范的disks部分将Containerdisk分配给虚拟机。Containerdisk不使用任何网络共享存储设备，虚拟机磁盘镜像从容器镜像registry中拉出，并驻留在托管使用该磁盘的虚拟机的本地节点上。

用户可以通过KubeVirt运行时可使用的方式将虚拟机磁盘镜像注入容器镜像中。虚拟机磁盘镜像必须放在容器镜像内的/disk目录中。

如果有需要，Containerdisk还允许将磁盘镜像存储在任何文件夹中。主要区别在于，在自定义位置，KubeVirt不会扫描任何镜像。用户有责任在VirtualMachineInstance的配置文件中提供磁盘镜像的完整路径。提供镜像路径是可选的。如果未提供镜像路径，则KubeVirt将在默认位置/disk处搜索磁盘镜像[⊖]。

Containerdisk功能支持Raw格式和Qcow2格式的虚拟机磁盘镜像。建议使用Qcow2格式，以减小容器镜像的大小。Containerdisk可以而且应该基于scratch镜像进行制作。

下面编写Dockfile并制作Containerdisk镜像。

将VirtualMachineInstance虚拟机磁盘镜像fedora25.Qcow2插入容器镜像/disk目录中，并编译镜像。

```
cat << END > Dockerfile
FROM scratch
ADD fedora25.Qcow2 /disk/
END
```

⊖ 参见https://kubevirt.io/user-guide/docs/latest/creating-virtual-machines/disks-and-volumes.html#custom-disk-image-path.

```
Docker build -t vmidisks/fedora25:latest .
```

将编译得到的容器镜像上传到容器镜像 registry 中。

```
$ Docker push vmidisks/fedora25:latest
```

在以下虚拟机配置文件中，Containerdisk 镜像 vmidisks/fedora25:latest 被作为临时磁盘连接到虚拟机实例。

```
metaData:
    name: testvmi-Containerdisk
apiVersion: KubeVirt.io/v1alpha3
kind: VirtualMachineInstance
spec:
    domain:
        resources:
            requests:
                memory: 64M
            devices:
                disks:
                - name: Containerdisk
                    disk: {}
    volumes:
        - name: Containerdisk
            Containerdisk:
                image: vmidisks/fedora25:latest
```

4. KubeVirt 虚拟机配置文件编写

KubeVirt 虚拟机配置文件的编写与 Kubernetes 类似。KubeVirt 提供了许多虚拟机配置文件样例，可以访问 https://github.com/KubeVirt/KubeVirt/tree/Master/examples 进行查看。

VirtualMachine 为 Kubernetes 群集内的 VirtualMachineInstance 提供其他管理功能：

- ABI 稳定性；
- 控制器级别的启动、停止、重启功能；
- 脱机配置更改，以及在重新创建 VirtualMachineInstance 时进行传播。
- 确保 VirtualMachineInstance 正在运行（如果应运行）。

VirtualMachine 用于确保控制器实例和虚拟机实例之间的 1 ： 1 的关系。在许多方面，它与将 spec.replica 设置为 1 的 StatefulSet 非常相似。

在以下 VirtualMachine 配置文件中使用 Ubuntu 18.04 版本的 Containerdisk 镜像创建了名为 Ubuntu-1、规格为 4U8G 的虚拟机。如果将 spec.running 设置为 true，则 VirtualMachine 将确保群集中存在具有相同名称的 VirtualMachineInstance 对象；如果将 spec.running 设置为 false，则将确保从集群中删除 VirtualMachineInstance。

```
apiVersion: KubeVirt.io/v1alpha3
kind: VirtualMachine
metaData:
    creationTimestamp: 2018-07-04T15:03:08Z
    generation: 1
    labels:
        KubeVirt.io/os: Linux
    name: Ubuntu-1
spec:
    running: true
    Template:
        metaData:
            creationTimestamp: null
            labels:
                KubeVirt.io/domain: Ubuntu-1
        spec:
            domain:
                cpu:
                    cores: 4
                devices:
                    disks:
                    - disk:
```

```
                bus: virtio
              name: Containerdisk
            - disk:
                bus: virtio
              name: emptydisk
        Machine:
            type: q35
        resources:
            requests:
              memory: 8Gi
      volumes:
        - name: Containerdisk
            Containerdisk:
              image: Docker.io/jinglu5/Ubuntu_18.04
              imagePullPolicy: IfNotPresent
        - name: emptydisk
            emptyDisk:
              capacity: 500Gi
```

一般在如下情况中使用 VirtualMachine：

1）**两次重新启动之间需要 ABI 稳定性时：** VirtualMachine 确保两次重新启动之间 VirtualMachineInstance ABI 配置一致，一个典型的例子是许可证。这里说的许可证将绑定到虚拟机的固件 UUID 上。VirtualMachine 确保 UUID 始终保持不变，且无须用户照顾。注意，尽管需要稳定的 ABI，用户仍可以使用默认逻辑。

2）**下次重新启动需要获取配置更新时：** 即 VirtualMachineInstance 配置应在集群内部可修改，并且这些修改应在下次 VirtualMachineInstance 重新启动时获取。这意味着过程中不涉及热插拔。Kubernetes 作为声明性系统可以帮助管理 VirtualMachineInstance。只要告诉它希望此 VirtualMachineInstance 在应用程序运行时运行，VirtualMachine 将尽量确保其保持运行状态。

6.1.3　应用集成部署

应用集成部署主要包括三个步骤：MEP Agent 集成、应用上传、应用部署。

理论上在应用集成部署之前，应该先在边缘节点上部署 MEP 以实现应用管理与服务调用，然后在边缘节点部署 App，最后部署 MEP Agent 以实现 App 的服务注册与发现。而 EdgeGallery 平台将 MEP Agent 与应用集成后统一部署。

1. MEP Agent 与应用的集成

MEP Agent 可以将第三方应用注册到 MEP，并可被其他应用发现和调用。目前 MEP Agent 被制作成 Docker 镜像进行部署和使用，平台提供空白的容器或者虚拟机供 App 部署，以确保在 App 镜像或者部署文件不变的情况下即可与 EdgeGallery Agent 集成。下面主要介绍 App 与 EdgeGallery 平台的集成方法。集成方法有两种：

- 对于开发者，只提供 App 应用的基础镜像，可以登录 MEC Developer 平台，通过新建项目填入镜像的基本信息。该平台会自动配置 Agent 信息，并生成部署文件。MEP Agent 的部署是在 MEC 开发者平台后台进行的，用户不会感知到 MEP Agent 的部署过程。
- 对于虚拟机部署，或者在开发者已经提供部署文件时，集成平台的 MEP Agent 即可。

（1）通过 MEC Developer 平台进行集成

用户在 MEC 开发者平台进行应用部署、测试的过程中，平台会根据用户的输入自动生成应用部署的 csar 包，其中 MEP Agent 的部署会同样自动写入 csar 包内。通过 csar 包在服务器上部署应用的同时，MEP Agent 也会被部署，并且每一个应用会部署一个 MEP Agent，以实现单个应用的注册与发现。App 集成流程如下：

步骤 1：新建项目，并填入项目的基本信息。

步骤 2：选择平台。

步骤 3：项目创建后，会自动生成 API，此时进行测试，之后输入镜像的基本信息。

步骤 4：选择测试服务器，测试完成后上传至 App Store。

在完成部署、测试后，可以选择将应用发布到App Store，此时MEC开发者平台会将用于部署的csar包传给App Store。用户可以通过MECM读取到此csar包，并将其部署到期望的节点上，此时MEP Agent会与应用同时部署。

（2）手动配置MEP Agent进行集成

这种集成方式主要针对应用中已有了部署的chart文件，或者部署比较复杂，故对部署环境有特殊要求，通过开发者生成的部署文件无法满足要求的情况。此时，我们尽量不修改原有的部署文件，而是加入MEP Agent实现MEC平台对该应用的服务注册、发现功能。具体集成方法如下：

1）在chart/temp文件夹中新增一个Agent.YAML文件，用于配置Agent信息。

2）文件中具体的配置以及需要修改的内容如下。

（a）添加Service mesher配置文件，修改对应的应用名、服务名以及Service center的IP和port：

```
apiVersion: v1
kind: ConfigMap
metaData:

    name: mesher-config-vmi-windows-0              #应用名
Data:
    MicroService.YAML: |-
        Service_description:
        name: Provider-mesher-vmi-windows          #服务名
        version: 1.1.1
        environment:  #微服务环境
        properties:
            allowCrossApp: true #是否允许跨应用调用
    mesher.YAML: |-
        admin: #admin API
            goRuntimeMetrics : true # enable metrics
            enable: true
    chassis.YAML: |-
        ---
```

```
    cse:
        protocols:
            http:
                listenAddress: 127.0.0.1:32112
            rest-admin:
                listenAddress: 127.0.0.1:32122
        Service:
            registry:
                address: http://159.138.53.90:30100 # Service center 的 URI
                    #Service center 的 ip+port
                scope: full # 设置为“完全”以发现其他应用程序的服务
                watch: false # 设置是否要监视实例更改事件
                autoIPIndex: true # 如果要将源 IP 解析为微服务，则应设置为 true
        handler:
            chain:
                Consumer:
                    outgoing:  #consumer 处理程序
                Provider:
                    incoming:  #Provider 处理程序
---
```

（b）添加Agent配置文件，修改serName、uris参数。

```
apiVersion: v1
kind: ConfigMap
metaData:
    name: mep-Agent-config                    # Agnet 配置文件
Data:
    App_instance_info.YAML: |-
        AppInstanceId: 5b75d1ab-c179-41b3-9f9a-0c984665829e
        ServiceInfoPosts:
            - serName: Provider-mesher-vmi-windows          # 服务名
              serInstanceId:
              serCategory:
                  href: "/example/catalogue1"
                  id: id12345
                  name: RNI
                  version: version1
              version: 1.0
```

```
            state: ACTIVE
            transportId: Rest1
            transportInfo:
                id: 762d50de-9b00-4fd6-a74e-6e73b58e7c91
                name: REST
                description: REST API
                type: REST_HTTP
                protocol: HTTP
                version: '2.0'
                endpoint:
                    uris:
                        - http://chairman:9998         #Service+port
                implSpecificInfo: {}
            serializer: JSON
            scopeOfLocality: MEC_SYSTEM
            consumedLocalOnly: false
            isLocal: true
    serAvailabilityNotificationSubscriptions:
        - subscriptionType: SerAvailabilityNotificationSubscription
            callbackReference: string
---
```

（c）添加与 kubernetes 对应的 Service 信息，设置 Service name、port 等信息。

```
apiVersion: v1
kind: Service
metaData:
    name: vmi-windows-Service-0         # 服务名
    labels:
        App: vmi-windows-Service        # 服务标签
spec:
    type: NodePort
    ports:
    - port: 32112
        targetPort: 32112               # 容器端口
        nodePort: 32112                 #Service 端口
    selector:
        App: vmi-windows-Service        # 与服务标签一致
---
```

（d）添加与 kubernetes 对应的 POD 信息，设置配置文件信息，修改监听端口以及 mesher 端口信息。

```
apiVersion: v1
kind: Pod
metaData:
    name: vmi-windows-Service-deployment        #POD 名
    labels:
        App: vmi-windows-Service                # 标签
spec:
    Containers:
    - name: mep-Agent
        image: 159.138.11.6:8089/mep-Agent:latest
        imagePullPolicy: IfNotPresent
        ports:
            - ContainerPort: 8057
        volumeMounts:
        - name: mep-Agent-config-volume
            mountPath: /usr/App/conf
    - name: mesher-sidecar-0
        image: 159.138.11.6:8089/mesher-sidecar:latest
        imagePullPolicy: IfNotPresent
        env:
        - name: SPECIFIC_ADDR
            value: 59.36.11.5:30010             # 监听端口
        ports:
        - ContainerPort: 32112                  #mesher 端口
        volumeMounts:
        - name: mesher-config-volume-0
            mountPath: tmp
    volumes:                                    # 增加配置文件
    - name: mep-Agent-config-volume
        configMap:
            name: mep-Agent-config
    - name: mesher-config-volume-0
        configMap:
            name: mesher-config-vmi-windows-0
```

如果应用要暴露多个服务端口的情况，则需要设置多个 mesher，每一个端口对应一个 mesher 配置文件。在 POD 中增加一个 mesher 镜像，Service 中也要相应增加对外暴露的端口。

2. 应用测试并上传

应用测试和上传的方法主要有三种：

- 通过开发者平台生成的 csar 包，可以直接选择上传至 App Store，并公开 API 能力到 EdgeGallery 生态。
- 本地生成的 csar 包需要进行测试。首先登录到开发者平台，点击“测试”→“测试应用”。然后上传 csar 包并填入项目的基本信息后点击“立即上传”。接着测试 csar 包，测试完成后即可上传至 App Store。
- 首先直接登录 App Store 平台，点击“上传”。然后上传 csar 包并填入应用的基本信息，点击“确认”。测试通过后，接着点击“上传”即可将应用上传至 App Store。最后点击商店，即可看到我们上传的应用了。

3. 应用下发与部署

应用下发和部署的步骤如下：

1）登录 MEC Manager：如果没有账号，则应先注册账号。

2）注册 App LCM：注册 App LCM 可以对 Host 上部署的应用进行生命周期管理。注册的方法是，进入 MEC 管理平台，然后依次点击“系统”→“外部系统管理”→“应用生命周期管理”→“新增注册”，填写应用生命周期信息，点击“确定”完成注册。

3）注册边缘节点：注册边缘节点后，即可将应用安装包下发到对应的边缘节点，从而进行部署。注册边缘节点的方法是，进入 MEC 管理平台，然后依次点击“系统”→“外部系统管理”→“边缘节点”→“新增注册”，然后填写边缘节点信息，点击“确定”完成注册。

4）注册 App Store：注册 App Store 后，可以从 App Store 中获取安装包列表，同时在下发过程可以从 App Store 中下载安装包。注册 App Store 的方法是，进入 MEC 管理平台，然后依次点击“系统”→“外部系统管理”→“应用商店”→“新增注册”，然后填写应用商店信息，点击“确定”完成注册。

5）应用下发：从应用商店中下载安装包，并将其复制到边缘节点上，可实现 Package 部署。应用下发的方法是，进入 MEC 管理平台，然后依次点击“应用管理”→“安装包列表”，选择待下发的安装包，点击“分发”，从弹框中选择想要下发到的边缘节点（表格中的待选项经过了和 App affinity 匹配度筛选），点击“确认”即可完成下发。

6）Application 部署：经过上述步骤 App Package 已经部署到 Host 节点上，这个时候我们需要部署 Package，通过创建 App 实例将其实例化。部署的方法是，进入 MEC 管理平台，然后依次点击“应用管理”→“安装包下发”，查看安装包下发状态，当安装包完成下发（状态为 Distributed）后，点击“部署”，在弹框中填写应用名称和应用描述，点击“确定”，即可进行部署。此时界面会自动跳转到 MEC 管理平台中应用管理下的实例列表，我们可以在此查询部署状态。

6.1.4 本地开发流程

本小节将以开发一款插件为例，介绍本地开发流程。此插件是在 JDK1.8 版本的基础上进行开发的，这款插件能够帮助开发者基于 EdgeGallery 平台进行快速开发和部署。其优势主要体现在以下两个方面：

- 通过此插件可以对 EdgeGallery 平台上的所有应用自动生成 API 样例代码，便于开发者进行二次开发。
- 插件可以根据用户输入的应用信息自动生成 TOSCA 语言的部署文件框架，并提供一键生成 csar 包功能，便于开发者进行打包部署。

1. 开发环境准备

使用此插件前需要准备开发环境，对于使用 Java 语言的开发者，需要进行如下准备：

- 下载 IntelliJ IDEA，可以根据自己的需求选择付费的旗舰版（Ultimate）或者免费的社区版（Community）。

- 下载 JDK，推荐使用 JDK1.8，设置 JDK 的环境变量并配置 IDEA，新手可以在网上查看相关教程。

在创建项目时选择 IntelliJ Platform Plugin，项目 SDK 需要选择插件开发特有的 SDK（注意不是 JDK），没有相应的 SDK 需要新建一个，根据开发的插件选择相应的库和框架。

对于使用 Python 语言的开发者，基于 PychARM 开发插件依然是用 IntelliJ IDEA，此时只需要对 /resources/META-INF/plugin.xml 做以下配置：

- 从文件菜单依次选择 New Project、IntelliJ Platform Plugin，然后选择本地 PyChARM Community Edition（社区版）的安装路径作为 SDK 目录，Java SDK 选择 1.8 以上的版本。
- <id> 和 <version> 用于声明插件唯一标识，相同 ID 和 version 的插件不能够重复上传。
- <depends> 声明了此插件的依赖条件，基于 PyChARM 适用此插件。此项应设置为 com.intellij.modules.Python。

2. 插件安装

以基于 IntelliJ IDEA 的插件为例，介绍插件的安装及使用。

登录 EdgeGallery 平台，在开发工具、插件里面搜索“MecDev”，直接下载压缩包到本地，打开本地开发环境 IDEA，依次选择 File → Settings → Plugins → Install Plugin from Disk，选择刚刚下载的插件压缩包进行安装，如图 6-2 所示。

插件安装好后重启 IDEA 即可使用，插件的安装目录为 Tools/MEC Application Assistant，如图 6-3 所示。

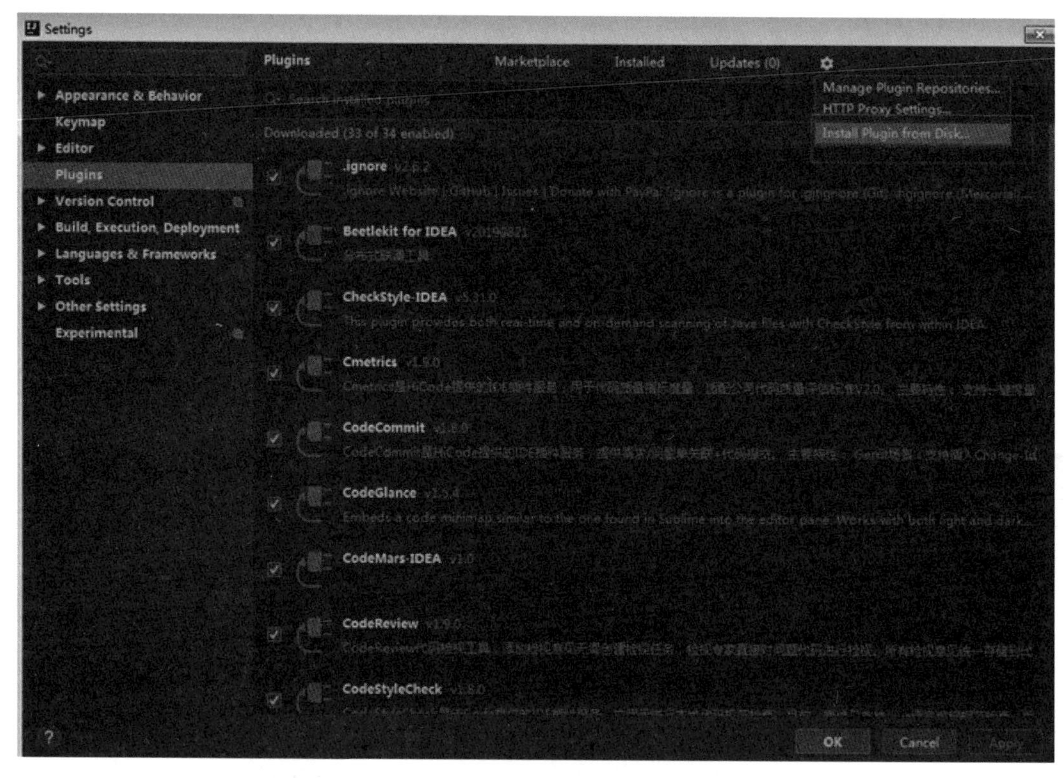

图 6-2 插件界面

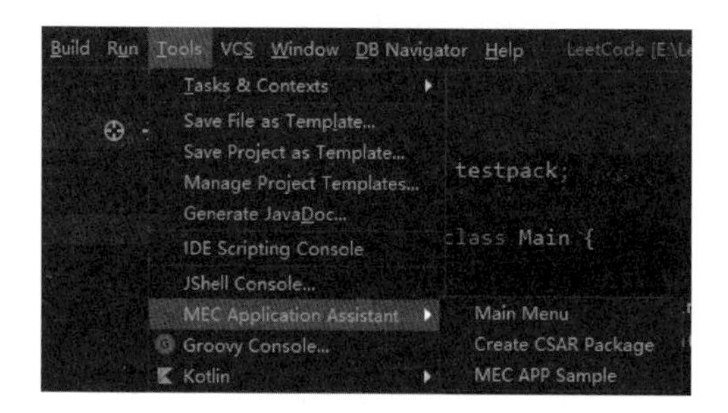

图 6-3 插件安装目录

3. 使用说明

插件主要包含 3 个主要的功能模块：Main Menu、MEC App Sample 和 Create CSAR Package。

（1）Main Menu

Main Menu 是插件的主要部分，它的主界面如图 6-4 所示。

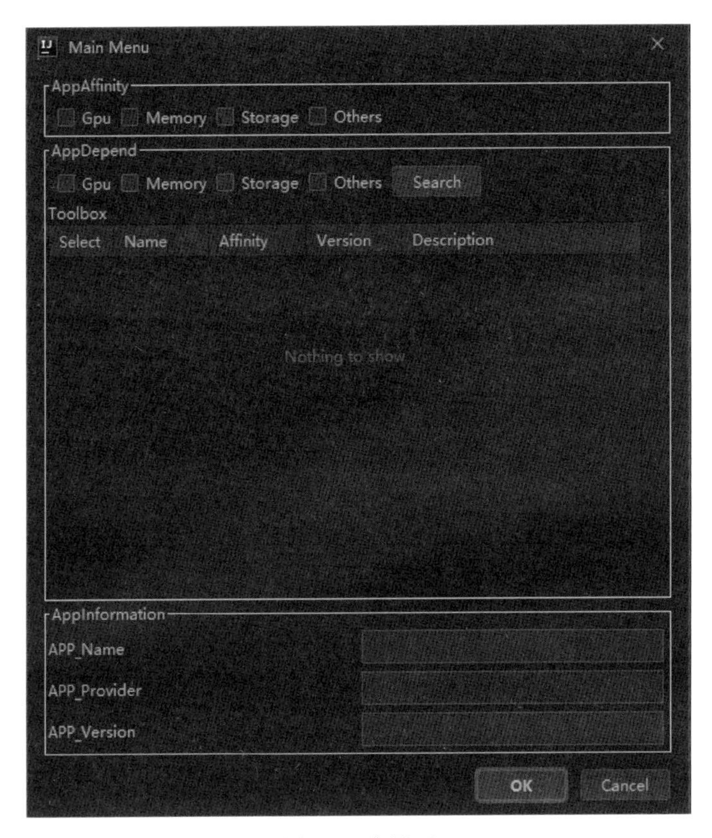

图 6-4　主界面

Main Menu 主界面包含三个部分：

- AppAffinity：选择与 App 亲和的属性并写入 App 部署文件中，帮助 App 部署到合适的节点。
- AppDepend：直接依赖于 Toolbox 中已有的 API，并生成 AppSample 文件夹，对依赖的 API 生成基于 Java 语言的样例代码。开发者可以直接编译运行样例代码，帮助开发者在已有功能上进行二次开发，避免重复工作。
- AppInformation：包含 App 的名字、生产者、版本号，会写入 App 部署文件。

点击图 6-4 所示界面中的 OK 按钮后会生成 AppSample 样例代码文件夹和以 App 的名字 + "_App" 为名的部署文件夹，如果没有，刷新工程目录。其中，AppSample 文件夹中包含开发者依赖的所有 API 的调用样例，部署文件夹中仅包含部署框架，开发者需要自己编写部署文件，指定镜像源和依赖等。

（2）MEC App Sample

此功能可以下载一个已经开发好的样例 App，包含 App 的镜像和部署文件，帮助开发者更好地理解 App 部署。

（3）Create CSAR Package

开发者在完成部署文件编写后，可以使用此功能选择部署文件夹，将文件夹一键打包成 csar 格式，之后就可以通过该压缩文件进行应用部署了，如图 6-5 所示。

图 6-5　创建 csar 包界面

4. 插件上传

开发者可以将开发好的插件上传至开发者平台，界面如图 6-6 所示。

- 输入插件名称，名称不能重复，后台上传至开发者平台。
- 选择插件功能和插件的开发语言，支持当前主流开发语言，如 Java、Python、Go、PHP 等。
- 上传插件包，插件包不能超过 150MB，支持 zip 或者 rar 格式。
- 上传图片。
- 上传 API，支持 YAML 或者 JSON 格式。

❑ 输入版本号。

❑ 输入描述信息。

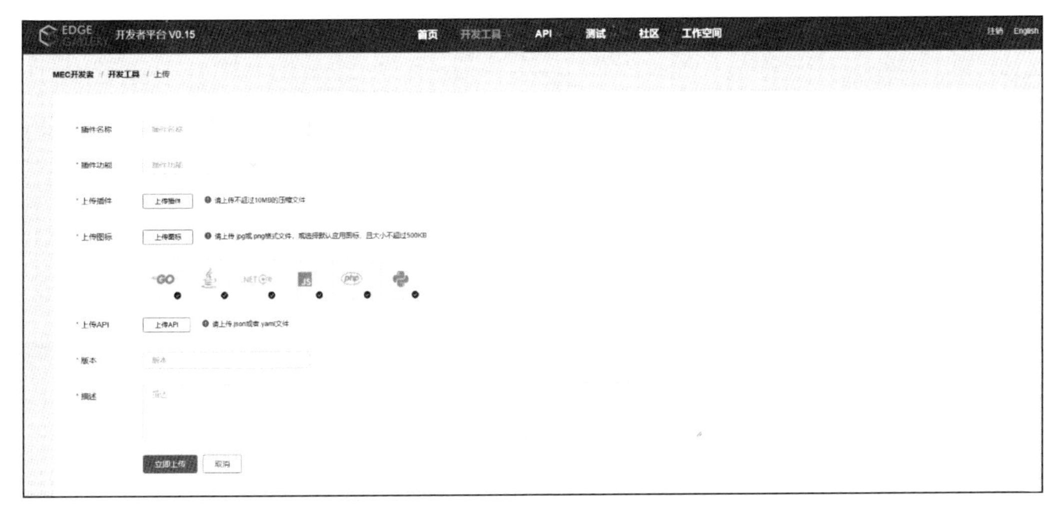

图 6-6　上传插件

6.2　App 集成实践

本节旨在帮助应用开发者使用 EdgeGallery 平台进行边缘应用的部署与管理，主要面向较为了解 EdgeGallery 平台的开发者，并且假设开发者拥有可用来直接部署的容器化应用。开发者可以利用开源的代码和镜像在本地自己搭建 EdgeGallery 平台，也可以直接使用 EdgeGallery 提供的如下网站进行部署和测试：

❑ EdgeGallery Developer 网站：https://developer.Edgegallery.org。

❑ EdgeGallery App Store 网站：https://App Store.Edgegallery.org。

❑ EdgeGallery MEC Manager 网站：https://mecm.Edgegallery.org。

这里直接使用开源的 ZoneMinder 视频监控应用进行集成演示。具体操作过程如下：

1）注册 EdgeGallery 账号：访问 EdgeGallery Developer 网站，自动跳转到登录界面，

点击“免费注册”，填写合规的用户名、密码和手机验证码等信息，点击“提交”，如图 6-7 所示。相同用户名或者电话号码无法重复注册。

图 6-7 注册 EdgeGallery 账号

2）登录 EdgeGallery 平台，可以使用用户名或手机号登录，如图 6-8 所示。

图 6-8 登录 EdgeGallery 平台

3）访问“工作空间”，点击添加新项目，建议选择“新建项目”，如图 6-9 所示。

4）填写基本信息，上传图标，填写描述（不超过 500 个字符），填写完成后点击“下一步”，如图 6-10 所示。

图 6-9　访问“工作空间”

图 6-10　填写基本信息

5）选择相应能力，默认勾选 Service Discovery，其他的不需要勾选，点击“下一步”，如图 6-11 所示。

6）选择能力详情，默认勾选 Service Discovery，点击“下一步”，如图 6-12 所示。

图 6-11　选择能力

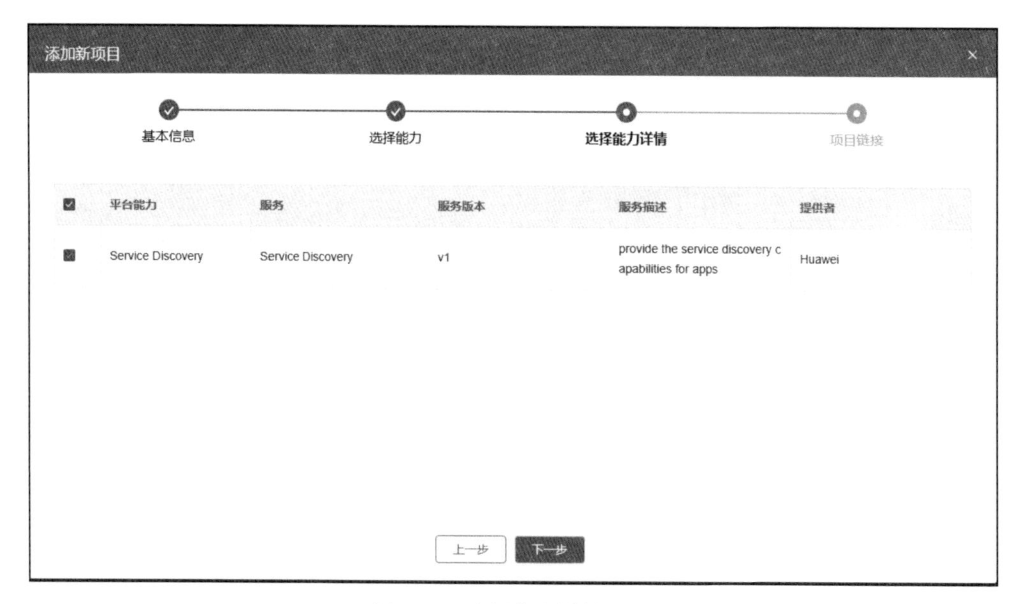

图 6-12　选择能力详情页面

7）点击“确认”，项目创建成功，自动进入项目详情页面，如图 6-13 所示。

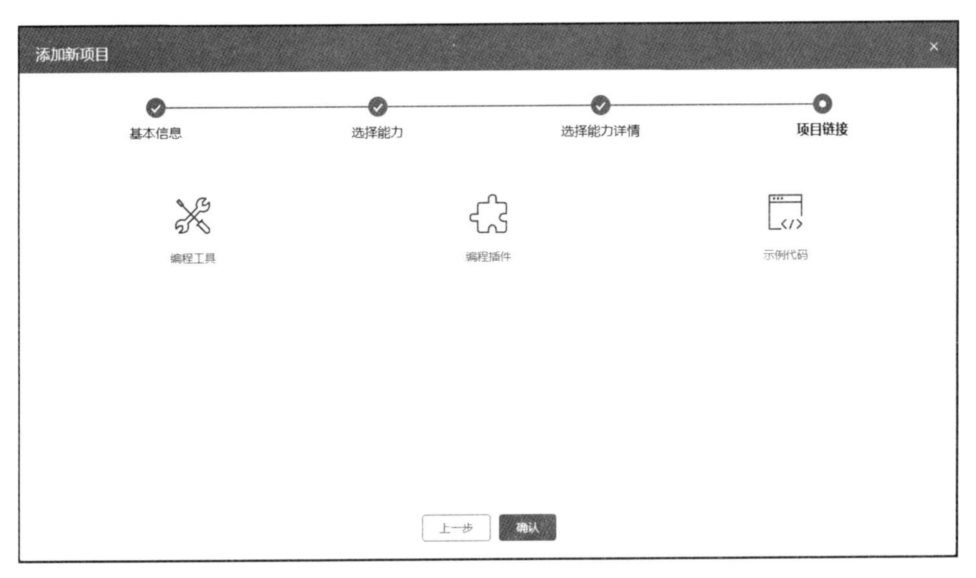

图 6-13　项目创建成功

8）点击“构建 & 测试”，在方式 2 中添加一个镜像（如图 6-14 所示），输入完成后点击“添加”（此处仅作为外部端口标记用，无实际意义）。

方式2：指定镜像包（需要用户先自己上传到镜像仓库）

镜像名称 zoneminder　版本 v1　内部端口号 80　外部端口号 32040　添加

镜像名称: zoneminder **版本:** v1 **内部端口号:** 80 **外部端口号:** 32040 ×

图 6-14　添加镜像

9）点击“上传 Yaml”，将 ZoneMinder 基于 Kubernetes 的部署文件上传至开发者平台，如图 6-15 所示。

图 6-15　上传 YAML

10）上传 API，此处可任意上传一份应用的 API 文件，如果没有可以上传一份空的 YAML 格式或 JSON 格式的文件，上传完成后点击“下一步”，如图 6-16 所示。

图 6-16　上传 API 文件

11）此处添加的镜像可以不用选择。服务框是对外暴露的服务名、链接和端口号，可以根据提示填写，完成后点击“下一步”，如图 6-17 所示。

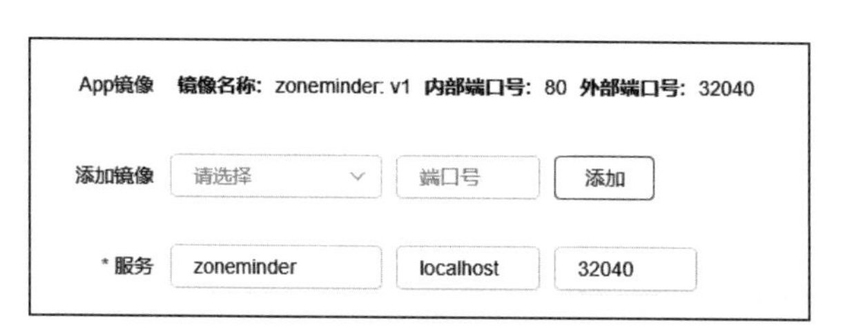

图 6-17　添加镜像设置

12）选择部署的服务器，测试环境只需关注服务器的架构，ZoneMinder 的镜像是基于 x86 服务器进行制作的，所以选择 x86 的边缘节点，选择完点击“下一步”，如图 6-18 所示。

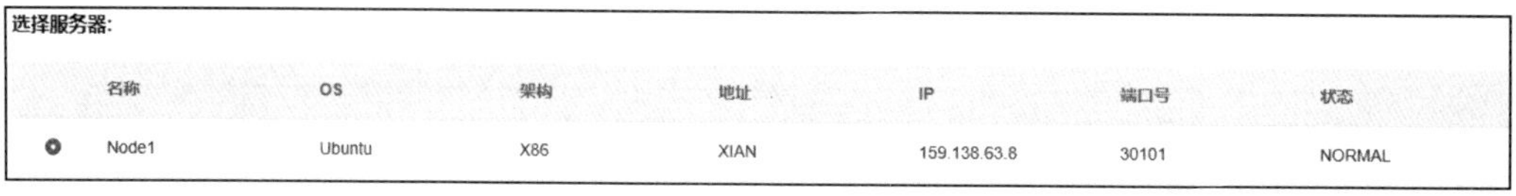

选择服务器:

	名称	OS	架构	地址	IP	端口号	状态
●	Node1	Ubuntu	X86	XIAN	159.138.63.8	30101	NORMAL

图 6-18　测试环境

13）等待 Developer 开发者平台部署测试 App 的结果，出现图 6-19 所示的画面则代表部署成功，此时可以使用浏览器访问 ZoneMinder 主页面（http://159.138.63.8:32040/zm）。

14）点击“完成测试”，勾选“是否发布您的 APP 到 EdgeGallery 应用商店”，点击“确定”，如图 6-20 所示。

15）登录 EdgeGallery 应用商店（https://App Store.Edgegallery.org），在首页可以看到上传的 App，如图 6-21 所示。

图 6-19　部署成功的画面

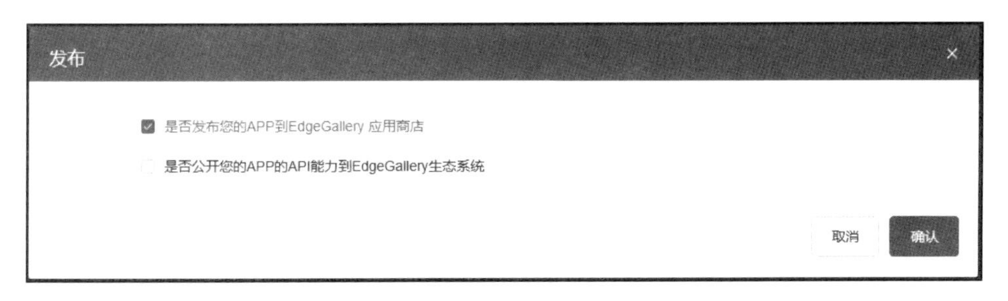

图 6-20　发布 App

图 6-21　上传 App 到 EdgeGallery 应用商店

16）登录 EdgeGallery 的 MECM 管理面（https://mecm.Edgegallery.org），依次选择"系统"→"外部系统管理"→"应用生命周期管理"，在此界面中点击"新增注册"，填写想要注册的边缘 App LCM 的 IP 和端口，这里以 159.138.63.8:30101 为例。MEC 主机管理、用户名与密码可任意填写，完成后点击"确认"，如图 6-22 所示。

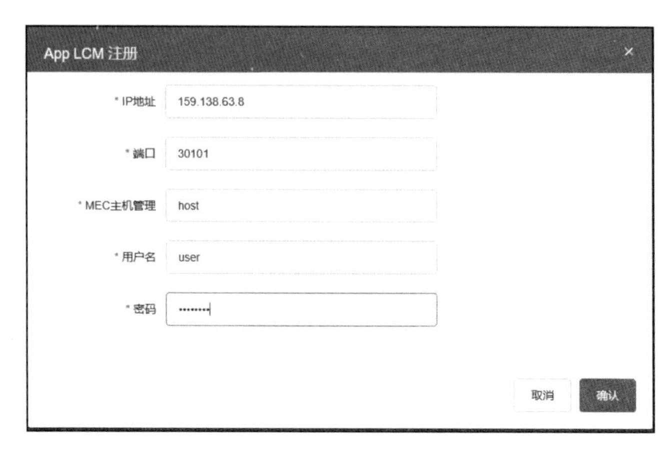

图 6-22　App LCM 注册界面

17）依次选择“系统”→“外部系统管理”→“边缘节点”，在此界面中点击“新增注册”，此处主要注意 IP 地址和 App LCM IP 填写是否正确，这里以 159.138.63.8 为例。上传配置文件，配置文件是目标机器中的 /root/.kube/config 文件，并且要修改 config 文件中的 cluster.Server 的 IP 为目标机器的公网 IP。界面中其余的参数可随意填写，完成后点击“确认”，如图 6-23 所示。

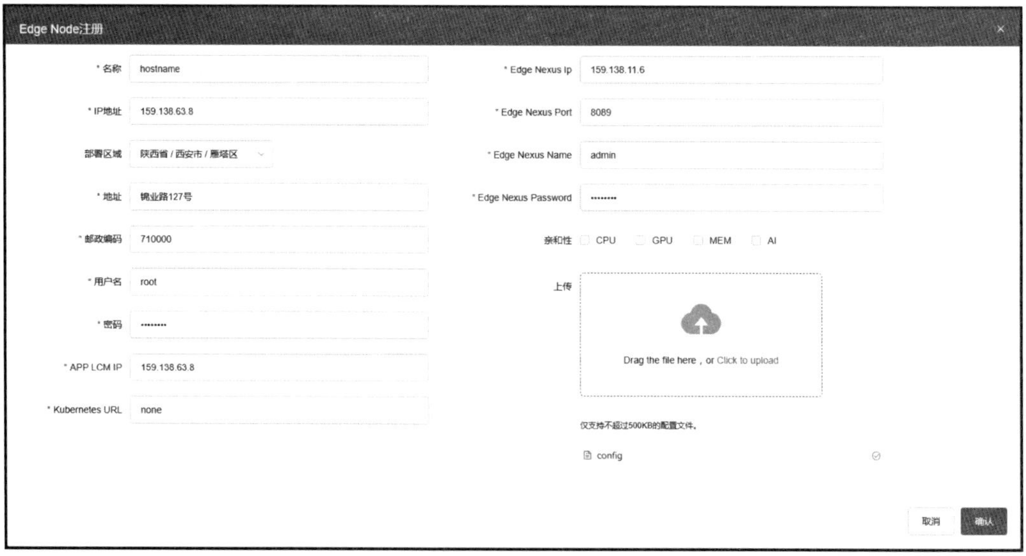

图 6-23　新增注册

18）依次选择"应用管理"→"安装包列表"，找到 ZoneMinder 应用，点击"分发"，如图 6-24 所示。

图 6-24　分发 ZoneMinder

19）选择分发的边缘节点和 Package Version 后点击"确认"，如图 6-25 所示。

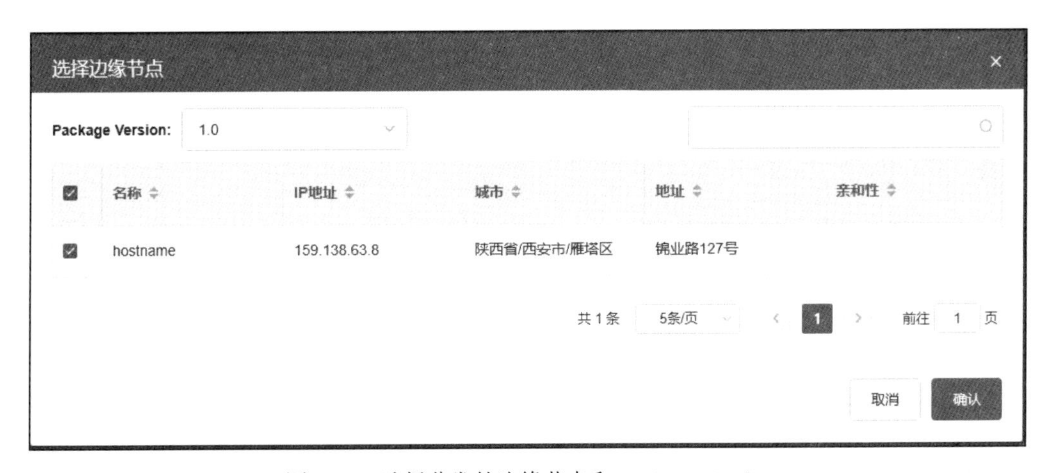

图 6-25　选择分发的边缘节点和 Package Version

20）等待分发成功，若状态为 Distributed 则表示分发成功，点击"部署"，如图 6-26 所示。

图 6-26　分发完成

21）填写应用名称和描述后点击"确认"，其余信息采用默认即可，如图 6-27 所示。

22）等待部署结果，若结果为 Instantiated 则表示部署成功，如图 6-28 所示。

图 6-27 填写应用名称和描述

名称	描述	MEC 主机	状态	操作
zoneminder		159.138.63.8	Instantiated	删除 详情

图 6-28 部署完成

第 7 章 Chapter 7

EdgeGallery 边缘计算应用集成实践

EdgeGallery 开源社区自 2020 年 4 月 15 日开启定向内测伙伴招募以来，至本书完稿时初步完成来自多个垂直行业的数十个应用的响应和集成测试，预计在 2020 年下半年 EdgeGallery 正式发布后，将得到产业更积极的响应。

7.1 VR 直播

未来 10 年，VR 和 AR 将成为最大的 5G 数据应用方向。VR 直播是 VR 最成熟的应用形式之一，有望成为未来 5G 网络的杀手级应用。在更强大的网络性能驱动下，5G VR 直播不仅有逼真的视觉效果，更能提升用户的交互体验。VR 直播技术的普及，给观众带来了全新的沉浸式多媒体体验，但这种新体验需要非常高的分辨率（通常为 4K 或 8K）的视频内容以及 360 度全景视角的支持。VR 直播传输所需的带宽是相同分辨率常规视频带宽的 4 ～ 6 倍，这对传统视频流架构提出了巨大的挑战。VR 直播系统需要解决的两大挑战是：海量数据和复杂计算。

因此，需要降低网络带宽的消耗和传输时延。同时，需要把计算从终端设备上迁移出来，并保证用户的VR体验。

1. 场景分析

一方面，VR直播需要使用具有立体成像功能的头戴式显示器（HMD）让用户获得沉浸式体验。用户在观看内容时，在头戴式显示器上看到的只是整个视频画面的一部分。为了减少直播VR流数据冗余带来的网络带宽浪费，需要能够最小化直播VR流所需的带宽，同时尽量提升用户体验。

另一方面，除了传输过程中带宽消耗大，对计算资源的巨大需求也是设计VR直播系统时面临的一大挑战。VR内容的获取和生成需要大量的拼接和编码工作。特别是在开展VR直播业务时，这些计算工作需要实时完成，对处理平台的性能要求非常高。在观看VR直播时，系统可以根据视角（FOV），为多个用户定制渲染过程。准确预测用户视角对优化VR直播系统有重要意义。通过预测用户即将观看的视野区域，可以避免将数据传输浪费在无用区域。而VR直播系统能够利用有限的带宽尽可能优化视角区域的图像质量。视角预测依赖于深度学习神经网络算法，对计算能力要求较高。有必要将计算密集型任务迁移到资源丰富的云或雾服务器，从而在节省VR直播设备成本的同时，降低用户设备的压力。与传统的中心云服务器相比，移动边缘计算架构能使计算资源更贴近用户，从而大幅降低用户请求服务的响应时延。

针对上述挑战，本场景提出一种移动边缘辅助的VR直播系统。

2. 技术方案

边缘VR流媒体应用运行在MEC主机端，且使用MEC业务。平台需要提供将VR设备（例如头戴式显示器）连接到VR流媒体MEC应用的机制。该机制将终端获取VR流媒体内容的请求定向到VR流应用。用户选择VR流媒体内容后，边缘VR流媒体应用可以将所选内容发送给用户。MEC平台负责根据配置的规则将数据路由到用户的终端。

在观看VR流媒体内容时，VR流媒体应用可以根据不同视角，为多个用户定制渲染过程。通过预测用户即将观看的视角区域，避免将数据传输浪费在无用区域。VR 直播应用还可以最大程度提高视野区域的图像质量。VR 直播方案架构如图 7-1 所示。

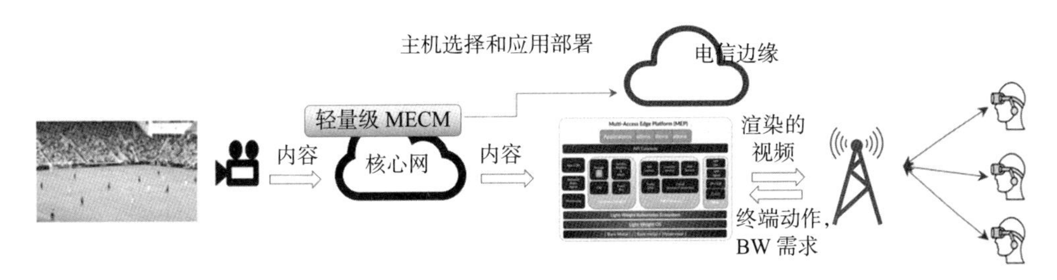

图 7-1　VR 直播方案架构

VR 直播方案功能性设计需求如表 7-1 所示。

表 7-1　VR 直播方案功能性设计需求

类别	需求
连通性	平台应提供安全的环境，在必要时提供和消费服务
	移动边缘平台应具备选择应用的能力，将相同的流量路由到所选应用，并为其分配优先级。流量重定向过程中的选择、优先级排序和路由应该基于每个应用定义的重定向规则
	MEC 平台需要提供连接 VR 流媒体移动边缘应用、连接使用视频流媒体服务的用户终端的机制
	当用户终端从一个小站切换到另一个小站，不论切换后的小站与切换前的小站是否属于同一个移动边缘服务器，移动边缘系统都应能够保持用户终端和应用实例之间的连接不中断
位置	平台应提供展示特定位置的终端列表，并包含上下文信息
路由	移动边缘平台应提供服务，允许授权应用从终端接收或向终端发送用户面流量
	移动边缘平台应提供服务，允许授权应用检查和修改选定的上行或下行的用户面流量
	MEC 管理功能应允许管理流量重定向规则
	移动边缘平台应具备选择应用的能力，将相同的流量路由到所选应用，并为其分配优先级。流量重定向过程中的选择、优先级排序和路由应该基于每个应用定义的重定向规则（优先级用于确定应用之间的路由顺序）

VR 直播方案非功能性设计需求如表 7-2 所示。

表 7-2　VR 直播方案非功能性设计

类别	需求
可靠性	为了保证移动网络的可靠性，可以部署双 MEC 进行容灾。这样避免了因单个 MEC 故障而影响用户查看以及导致数据绕过大规模网络的问题

（续）

类别	需求
安全性	移动边缘平台应提供服务，允许授权应用与平台提供的服务通信
	移动边缘平台应提供安全环境，以便在必要时提供服务和消费
SLA 保障	移动边缘平台应提供对时延敏感的系统，以确保终端无缝查看内容

VR 直播调用流程如图 7-2 所示。

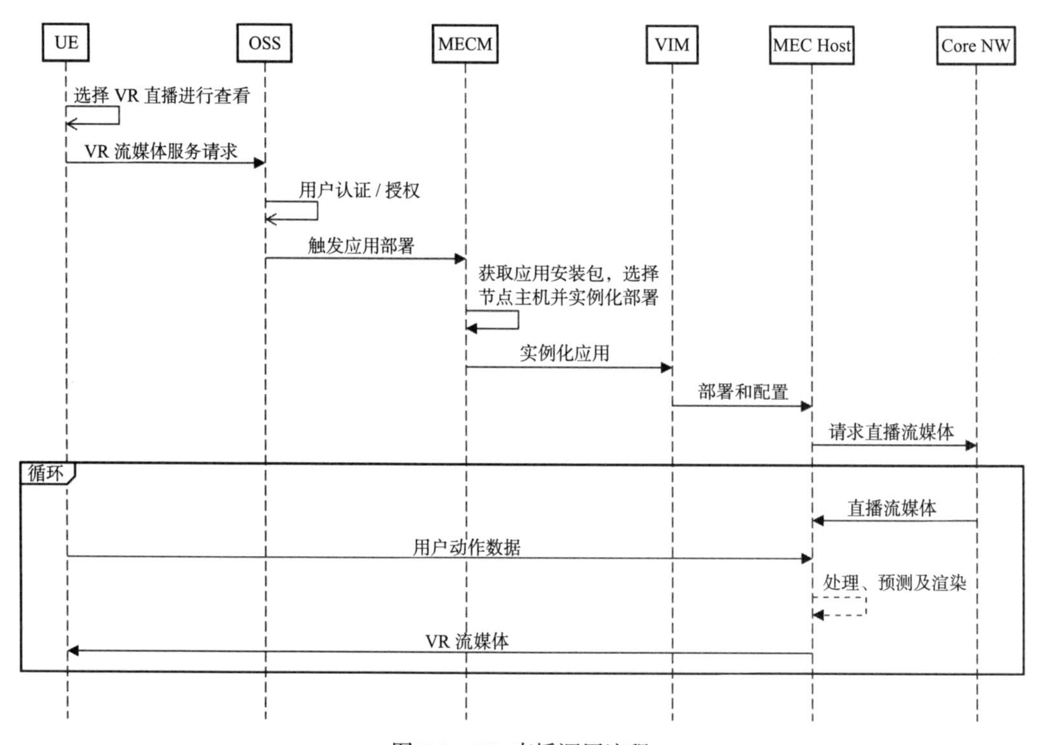

图 7-2 VR 直播调用流程

VR 直播调用流程如下所示：

1）终端选择待查看的 VR 直播，向 OSS（Operation Support System，运营支撑系统）发起请求。

2）OSS 认证 UE 并授权，触发 MECM 进行 VR 直播应用部署。

3）云 VR 应用需要靠近用户部署主机，选择算法会找到合适的边缘主机（考虑

CPU、带宽、时延要求），并触发应用部署。

4）5G 核心网将原始视频发送到边缘应用。

5）应用接收来自终端的用户动作、视频质量要求等。

6）处理和渲染后的视频会交付给终端。

7）当所有终端离开会话时，删除应用。

3. 与兰亭 App 以及 5G 核心网进行实验室集成

兰亭数字是一家云 VR 技术解决方案和运营服务提供商。兰亭 App 提供更为多样、成熟且易用的解决方案，如图 7-3 所示。

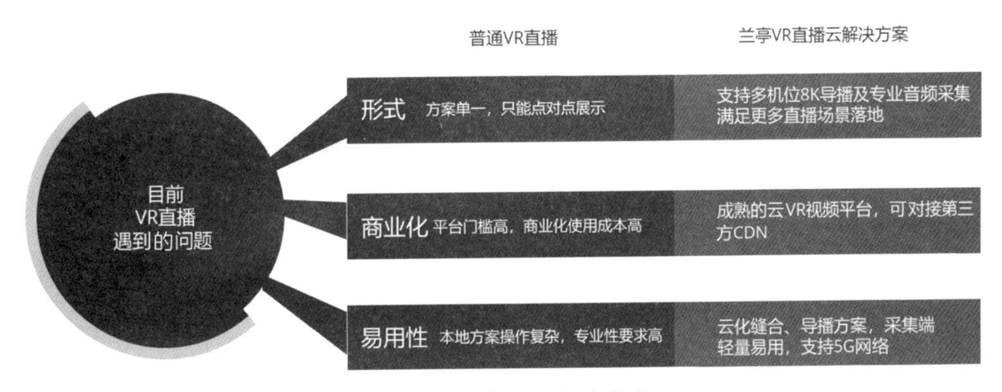

图 7-3　兰亭 App 解决方案

EdgeGallery 与兰亭 App 在实验室成功进行了集成，业务部署如下（点画线代表视频上行路径，虚线代表视频下行路径）：

- ❑ 集成带宽：100Mbps（上行）；
- ❑ 头盔 100Mbps（下行）；
- ❑ 丢包率：0.03%；
- ❑ 时延：1ms。

业务部署的架构如图 7-4 所示。

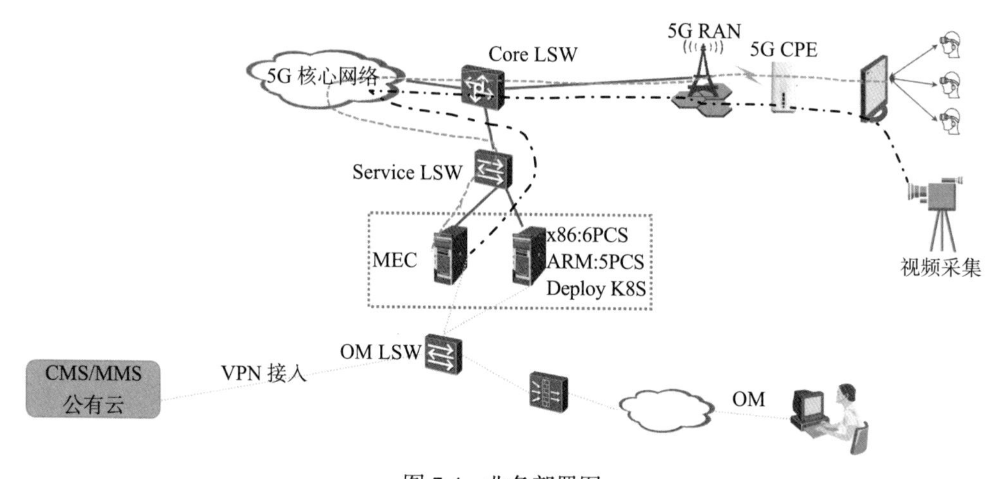

图 7-4　业务部署图

7.2　视频编排和优化

边缘视频编排是指在用户密集、空间有限且与用户距离较近的位置，使视觉内容在同一位置产生和消费，如体育赛事或演唱会，在这样的场景中有大量用户会使用他们的手持设备来访问自选内容。在地域狭小、人口密集的场所，热门视频应用场景可能获得最大增益。视频产生的流量占总流量的 55% 以上，这在很大程度上依托手持设备强大的图形处理能力，以及服务和内容提供商提供的一流服务。

视频编排预期将提升用户体验的质量，降低时延，释放回传网络，满足体育、演唱会、公众集会、会议等场景的需求。

1. 场景分析

视频编排预期将提供良好的性能和高质量视频，同时通过提供尽可能接近终端用户的内容，来节省回传容量。用户在手持设备上选择所需内容：可以是特定的视角、多视角、慢动作重放、分析和统计、并排比较等，以获得从其所处的座位或区域无法获得的视角或镜头。这对于场地宽阔的活动（如滑雪、自行车或一级方程式赛车）来说尤其重要。

边缘视频编排在尽可能靠近设备的地方进行视频文件的编排、优化、缓存和分发，而非通过所有网络节点处理来自核心网的视频。整体视频体验来自多个方面，包括本地制作的视频和附加信息，以及来自中心生产服务器的主视频。用户可以从一组本地视频源中选择定制的视图。

由于用例的特性，EdgeGallery 非常适合用于边缘视频编排，其业务的生产和消费均发生在有限的区域，这也可以有效控制服务质量和性能。

2. 技术方案

边缘视频编排应用运行在 MEC 主机上，使用 MEC 服务。该平台需要将本地生产设备（如视频摄像头和传感器）的终端连接到视频编排 MEC 应用以及使用视频编排服务的用户的终端。

边缘视频应用负责视频编辑与合成，且运行在 MEC 系统上。在边缘运行视频应用，可以轻松控制服务质量，提升视频交付和消费的表现。

各种视频采集设备（摄像机、无人机、用户）可以通过有线或无线连接（蜂窝网络或 WiFi）的方式上传采集到的内容。视频采集设备可以首先连接到预筛选边缘应用，该应用运行在 MEC 系统上，且根据预先设置的质量阈值筛选视频。经过初步筛选后，会对视频进行二级处理。

在 MEC 系统中，运行在不同主机上的一个或多个视频处理应用对采集到的视频流进行下一级处理。这些视频处理应用允许编辑和组合来自多个源头的视频。从跨互联网的云服务器上也可以获取球员、演员等角色的统计和分析数据。然后，结合多角度、多位置统计数据，视频发布后就会被终端用户消费。MEC 系统还可以将组合视频转换为多种视频格式，以适配终端设备中的多种媒体播放器。

边缘视频应用的容量还可按需增减。随着用户数量的增长，可以创建应用的多个实例，并将用户指向最合适的实例（基于位置、服务器负载均衡等），如图 7-5 所示。

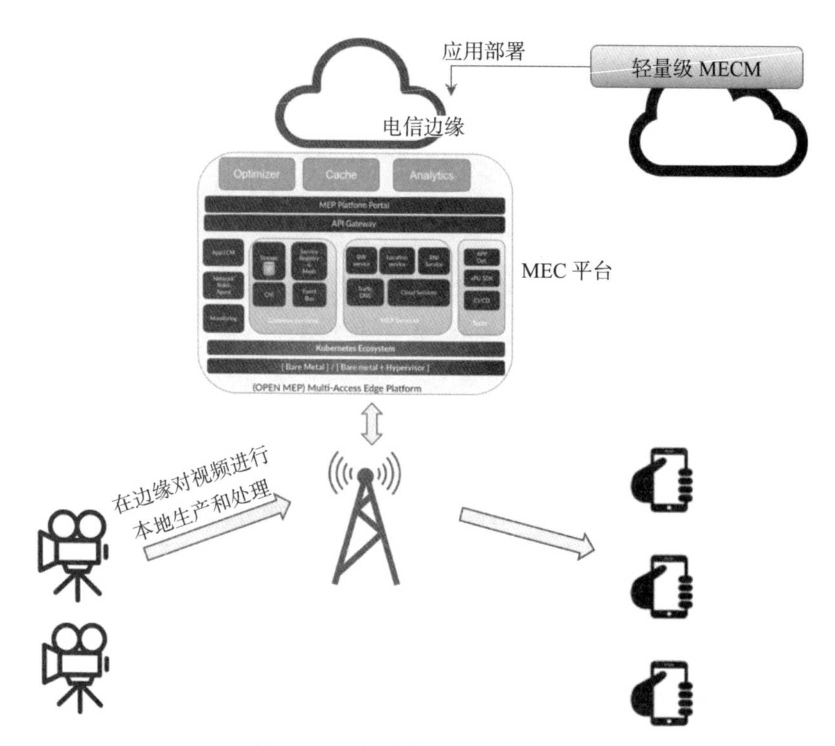

图 7-5 视频编排和优化方案架构

视频编排和优化方案功能性设计需求如表 7-3 所示。

表 7-3 视频编排和优化方案功能性设计需求

类别	需求
连通性	平台应提供安全的环境，在必要时提供和消费服务
	移动边缘平台应具备选择应用的能力，将相同的流量路由到所选应用，并为其分配优先级。流量重定向过程中的选择、优先级排序和路由应该基于每个应用定义的重定向规则
	MEC 平台需要提供相关机制，以将本地生产设备（如视频摄像头和传感器）连接到视频编排移动边缘应用以及使用视频编排服务的用户终端
	当用户终端从一个小站切换到另一个小站，不论切换后的小站与切换前的小站是否属于同一个移动边缘服务器，移动边缘系统都应能够保持用户终端和应用实例之间的连接不中断
	移动边缘平台可以使用无线网络信息来适配内容，以保障业务的交付
	视频适配特性可以由边缘平台提供，与业务相关联
位置	平台应提供展示特定位置终端列表的服务，并包含上下文信息
路由	移动边缘平台应提供服务，允许授权应用从终端接收或向终端发送用户面流量
	移动边缘平台应提供服务，允许授权应用检查和修改选定的上行或下行的用户面流量
	MEC 管理功能应允许管理流量重定向规则

（续）

类别	需求
路由	移动边缘平台应具备选择应用的能力，将相同的流量路由到所选应用，并为其分配优先级。流量重定向过程中的选择、优先级排序和路由应该基于每个应用定义的重定向规则（优先级用于确定应用之间的路由顺序）
	移动边缘平台应利用组播技术提供数据分发（例如：单播、组播适配）

视频编排和优化方案非功能性设计需求如表 7-4 所示。

表 7-4　视频编排和优化方案非功能性设计需求

类别	需求
可靠性	为了保证移动网络的可靠性，可以部署双 MEC 进行容灾。这样避免了单个 MEC 故障影响用户查看内容、避免数据绕过大规模网络
安全性	移动边缘平台应提供服务，允许授权应用与平台提供的服务通信
	移动边缘平台应提供安全环境，以便在必要时提供服务和消费
SLA 保障	移动边缘平台应提供对时延敏感的系统，以确保终端无缝查看内容

视频编排调用流程如图 7-6 所示。

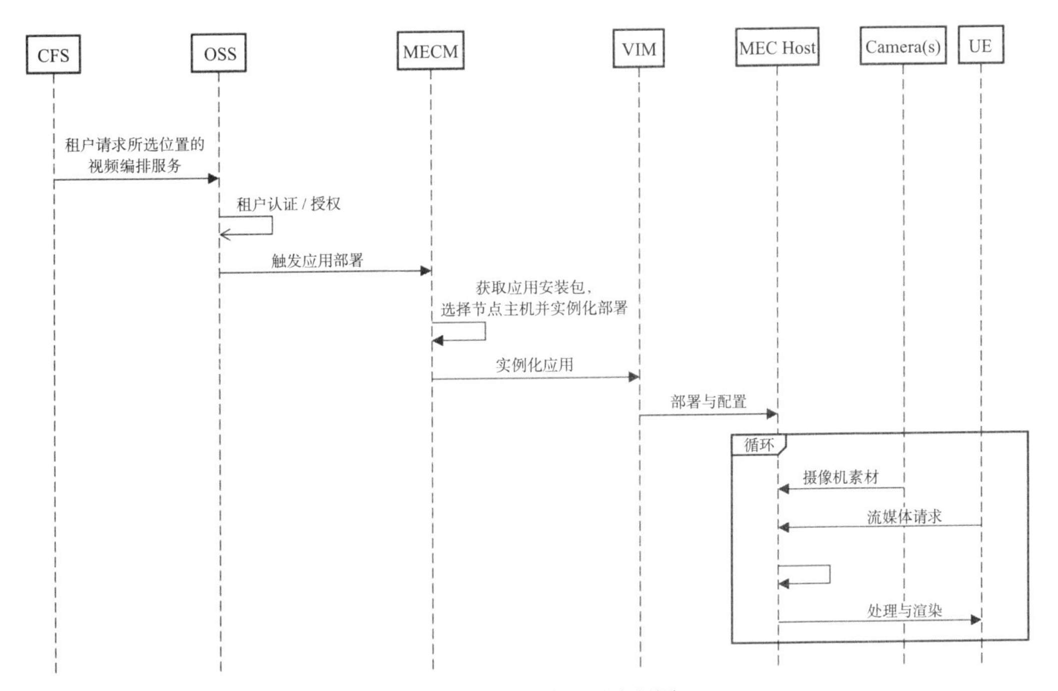

图 7-6　视频编排调用流程图

视频编排调用流程如下：

1）通过CFS（Customer-Facing Service，面向用户的服务）门户，租户请求所选边缘上的视频编排和优化服务。

2）OSS验证租户认证或授权。

3）OSS触发应用部署。

4）MECM获取应用安装包，选择节点主机并实例化部署。

5）VIM（虚拟化基础设施管理器）实例化应用。

6）MEC主机部署及配置应用。

7）上MEC主机上运行的视频编排优化应用开始接收摄像机供给的资源。

8）终端1（用户1）应用前端从可用列表中选择摄像机。

9）MEC主机处理和渲染所需的视频流并发送给用户。

7.3 基于位置的广告

LBS营销目前根据软件的地理围栏技术来定位移动用户。利用全球定位系统（GPS），地理围栏方案作为专用应用中的组件安装在用户终端上。当用户跨越地理围栏方案预先设定的地理边界时会触发相关事件，应用将触发LBS营销后台的广告。地理围栏应用可作为插件部署到操作系统服务、热门浏览器和社交媒体平台中。这种内在的依赖性阻碍了移动运营商通过基于位置的广告业务进行变现。

在诸如商场和家庭这样的室内场景中，全球导航卫星系统覆盖受限，目前无低成本、高精度的定位方案。本用例（基于MEC的位置感知自动广告服务）实现了分布式室内天线和终端的区域化从而实现精准定位，并提供了本地处理和计算的高效、低成本定位解决方案，将为诸如购物中心广告推送等移动性较弱的业务场景带来收益。

1. 场景分析

EdgeGallery可将云计算带到移动网络无线边缘和企业小站。EdgeGallery将低时延的宽带交付与用户位置感知相结合，并保留用户移动性和核心网功能，从而为移动运营商扩展了基于位置的服务，使其能够将基于位置的广告业务变现。

购物中心就是一个这方面极好的例子。通过在购物中心内安装的小站，移动运营商能够识别进入购物中心的用户，然后在用户进入特定商店时发送商户信息和商品信息。

该方案（基于 MEC 的位置感知自动广告服务）实现了基于位置的适用于所有场景的广告功能，其覆盖范围包括：

- 无 GPS 覆盖或 GPS 覆盖受限的区域；
- MEC 平台用户及位置感知后的所有手机用户，包括功能手机用户。

这样可以实现应用独立性，应用无须设备侧支持，移动运营商可以在任何条件下实现商业变现。

2. 技术方案

在靠近无线节点或限定区域的 ME 主机上部署 MEC 应用，收集定位相关的无线网络信息（如 SRS 测量、时间提前量等）并上报给 MEC 应用或服务。MEC 应用或服务将根据收到的无线网络信息计算终端位置，生成目标内容推送策略。该策略将根据计算后的位置信息指导将广告分发到特定区域内的终端。为了实现精准定位，需要终端和网络在短时间内或实时提供更精确的位置信息。

MEC 系统提供的室内精准定位信息适用于无线网络、WLAN、以太网等多接入技术，如图 7-7 所示。

功能性设计需求如表 7-5 所示。

非功能性设计需求如表 7-6 所示。

基于位置的广告调用流程如图 7-8 所示。

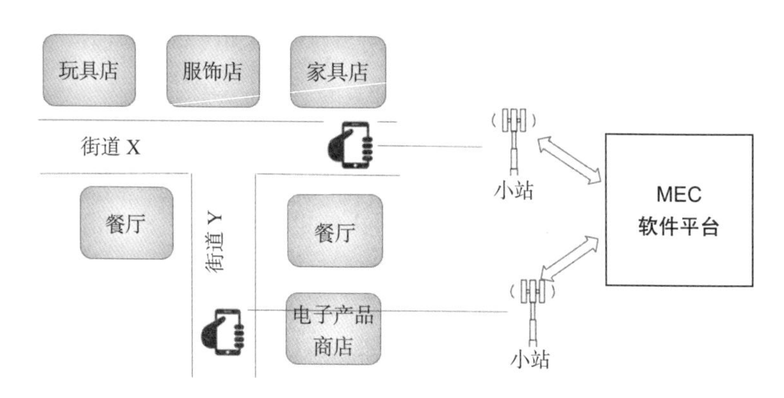

图 7-7 基于位置的广告解决方案架构

表 7-5 功能性设计需求

类别	需求
连通性	平台应提供安全的环境，在必要时提供和消费服务
	移动边缘平台应具备选择应用的能力，能将相同的流量路由到所选应用，并为其分配优先级。流量重定向过程中的选择、优先级排序和路由应该基于每个应用定义的重定向规则
	MEC平台需要提供连接基于位置的广告移动边缘应用以获取位置信息的机制
	当用户终端从一个小站切换到另一个小站，不论切换后的小站与切换前的小站是否属于同一个移动边缘服务器，移动边缘系统都应能够保持用户终端和应用实例之间的连接不中断
	移动边缘平台可以使用可用的无线网络信息，通过基于位置的广告移动边缘应用来计算终端的位置
位置	平台应提供展示特定位置的终端列表，并包含上下文信息
路由	移动边缘平台应提供服务，允许授权应用从终端接收或向终端发送用户面流量
	移动边缘平台应提供服务，允许授权应用检查和修改选定的上行或下行的用户面流量
	MEC管理功能应允许管理流量重定向规则
	移动边缘平台应具备选择应用的能力，将相同的流量路由到所选应用，并为其分配优先级。流量重定向过程中的选择、优先级排序和路由应该基于每个应用定义的重定向规则（优先级用于确定应用之间的路由顺序）

表 7-6 非功能性设计需求

类别	需求
可靠性	为了保证移动网络的可靠性，可以部署双MEC进行容灾。这样避免了单个MEC故障影响用户查看以及影响数据绕过大规模网络
安全性	移动边缘平台应提供服务，允许授权应用与平台提供的服务通信
	移动边缘平台应提供安全环境，以便在必要时提供和消费服务
SLA保障	移动边缘平台应提供对时延敏感的系统，以确保终端无缝查看内容

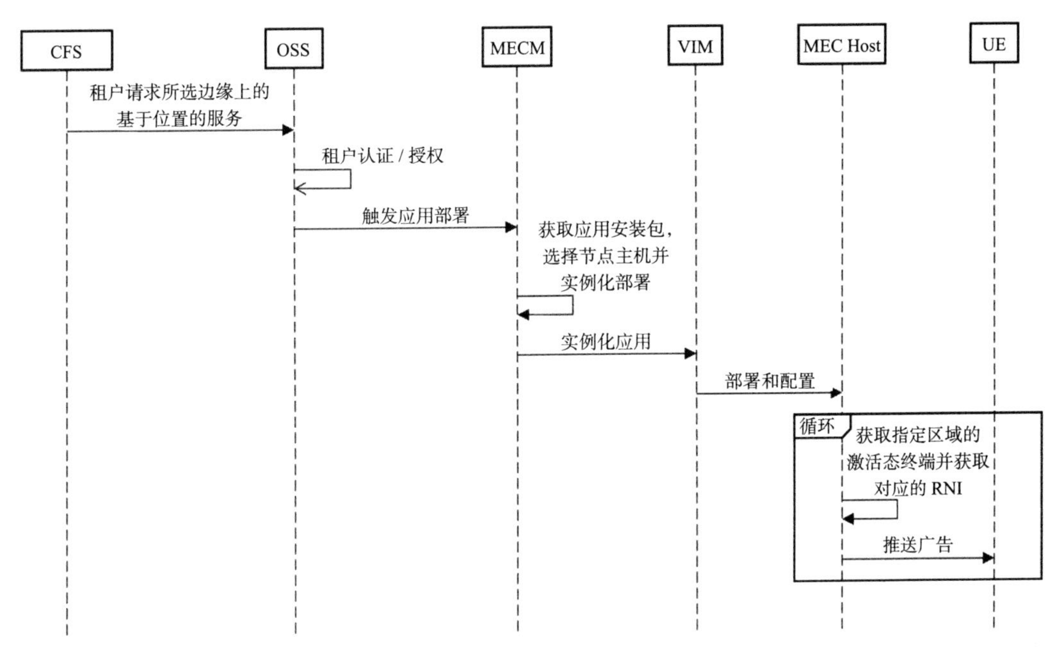

图 7-8　基于位置的广告调用流程

基于位置的广告调用流程具体如下：

1）通过 CFS 门户，租户请求所选边缘上的基于位置的服务。

2）OSS 验证租户认证 / 授权。

3）OSS 触发应用部署。

4）MECM 获取应用安装包，选择节点主机并实例化部署。

5）VIM 实例化应用。

6）MEC 主机部署与配置基于位置的广告应用。

7）MEC 主机获取指定区域的激活态终端并获取对应的 RNI。

8）MEC 主机推送广告给相应位置上的终端。

9）循环不断地追踪位置并推送广告。

7.4　边缘电信 vCDN

内容分发网络或内容分布式网络（CDN）是由分布在不同地理位置的代理服务器组成

的网络。CDN 目前已广泛应用于互联网产品，包括 Web 对象（文本、图形和脚本）、可下载的对象（媒体文件、软件、文档）、应用程序（电子商务、门户网站）、视频直播、流媒体点播和社交媒体网站。CDN 是互联网生态系统中的一个层次。媒体公司、电商等内容所有者通过付费让 CDN 运营商将他们的内容送达终端用户。反过来，CDN 又向 ISP、运营商和网络运营商支付在它们的数据中心托管服务器的费用。CDN 是涵盖不同类型内容分发服务的总称，具体包括视频流媒体、软件下载、Web 和移动内容加速、授权 / 管理 CDN、透明缓存、衡量 CDN 性能、负载均衡。

通过虚拟化技术，可以部署虚拟 CDN（vCDN），以降低内容提供商的成本，同时增加工作弹性，降低业务时延。使用 vCDN 可以规避传统 CDN 在性能、可靠性和可用性等方面的限制，因为虚拟缓存是动态部署（作为虚拟机或容器）在分布在提供商地理覆盖范围内的物理服务器中的。由于虚拟缓存的部署不但基于内容类型，还基于服务器或终端用户的地理位置，因此 vCDN 对业务的分发和网络拥塞影响很大。

流媒体视频流量的高速增长需要宽带提供商投入大量的资金来应对这一情况，并用优质的体验留住用户。为了解决这个问题，电信服务提供商（TSP）已着手建立自己的内容分发网络，以减少对骨干网的需求，减少基础设施投资。考虑到以下几点，移动边缘是电信 CDN 的最佳位置：

- 优化内容分发。
- 利用优质网络。
- 节省基础设施。
- 提供最优的体验。

1. 场景分析

电信 vCDN 可以利用 5G MEC 架构优化边缘内容分发过程，提升边缘内容体验和质量。在移动边缘通过开放缓存来分流内容，从而降低了基于 MEC 的 vCDN 网络的投入和运营成本，同时开辟了新的商业模式，创造了新的营收机会。

位于边缘的电信 vCDN 具有如下优势：

- **更好的用户体验：** 电信运营商掌握了最后一公里，他们通过将内容缓存在网络中，能够把内容分发到更靠近终端用户的地方。这种深度缓存实现了视频数据在互联网上传输的距离最小，并可以更快、更可靠地分发视频内容。
- **降低资本投入：** 由于传统 CDN 需要从运营商那里租用带宽，要将运营商的利润纳入成本模型中，因此 vCDN 也具有内在的成本优势。
- **降低运营成本：** 电信运营商通过运营自己的内容分发基础设施，这样可以更好地控制其资源的使用。CDN 的内容管理不会或很少会考虑网络信息（例如拓扑、利用率等），这些信息需要由与业务相关的电信运营商提供。尽管对电信运营商的资源使用带来了挑战，但电信运营商能做的却很少。通过在电信边缘上部署 vCDN，运营商可以实现自己的内容管理运营，从而更好地控制资源的使用，因此也能为终端用户提供更好的服务质量和体验。
- **服务的变现提供了边缘云：** 边缘云使服务提供商成为应用和内容分发价值链的获利者。电信服务提供商也可以从之前的内容提供商和第三方 CDN 的“管道”角色，转变成为流量的分发者。这种新发现的能力为 CDN 和有相似内容的提供商建立多种收入分成伙伴关系提供了媒介，而服务提供商可以通过在自己的网络内传送流量得到补偿。服务提供商通过分发来自网络真实边缘的热门视频标题，使 CDN 通过减少正在进行的昂贵的网络扩展来适应快速增长的视频流量，从而节省大量基础设施成本。

MEC 应用可以将在指定地理区域内消费的最热门内容存储在本地。一旦收到请求，MEC 应用可以从本地缓存中提供相应的内容。在这种情况下，不需要通过核心网传输内容，因此可以节省大量回传容量。除了节省容量外，接收内容的时间也可以大大减少。

2. 技术方案

内容分发网络通过内容分发技术来分发各种智能应用，并提高端到端传送网络应用的效率。内容分发网络提供诸如内容缓存、请求路由和内容服务等功能。

在 MEC 主机上进行本地内容缓存可通过授权应用来实现。内容缓存应用可以存储从业务角度标识的经常使用的内容或有益的内容。任何内容缓存应用都需要平台授权。内容缓存应用可以使用从其他应用获得的信息来标识可以缓存的内容。此外，其他决定缓存内容的标准也可以使用，如缓存可以根据用户请求（拉取缓存）填充，或者根据从内容服务器传播的预加载内容（推送缓存）填充。

一旦内容缓存应用接收到针对存储在本地缓存中的内容的请求，该应用就会开始将请求的内容定向到请求该内容的用户设备。这样既节省了回程容量也提高了体验，因为内容的传输可以不受核心网和公共互联网时延的影响。

请求路由将客户端请求定向到能够满足请求的内容源。这可能涉及将客户端请求定向到离客户端最近的服务节点，或定向到具有最大容量的服务节点。各种算法用于路由请求。这些算法包括全局服务器负载均衡、基于DNS的请求路由、动态图元文件生成、HTML重写和任播。使用包括被动探测、主动探测和连接监视在内的各种技术来估量并选择最近服务节点。

MECM运行电信vCDN边缘解决方案，vCDN可处理请求路由和传递给最接近终端用户设备的边缘节点的授权问题。MECM还管理着服务提供商网络中所有部署的MEC主机的报告、日志和分析数据的聚合。vCDN应用将托管在MEC主机上，如图7-9所示。

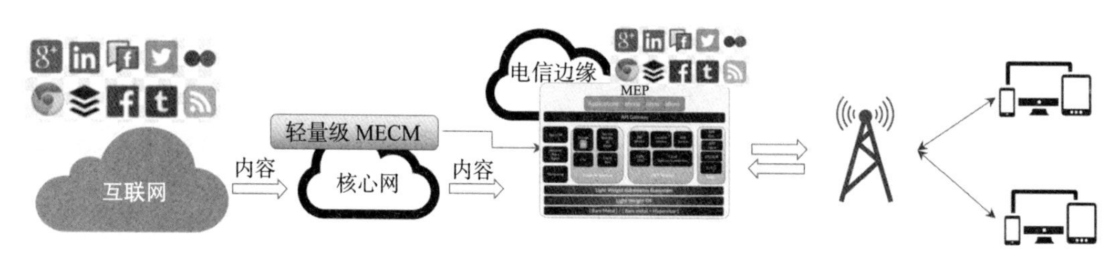

图7-9　电信vCDN边缘方案架构

功能性设计需求如表7-7所示。

表 7-7　功能性设计需求

类别	需求
连通性	平台应提供安全的环境，在必要时提供和消费服务
	移动边缘平台应具备选择应用的能力，将相同的流量路由到所选应用，并为其分配优先级。流量重定向过程中的选择、优先级排序和路由应该基于每个应用定义的重定向规则
	MEC 平台需要提供连接基于位置的广告移动边缘应用以获取位置信息的机制
	当用户终端从一个小站切换到另一个小站，不论切换后的小站与切换前的小站是否属于同一个移动边缘服务器，移动边缘系统都应能够保持用户终端和应用实例之间的连接不中断
	移动边缘平台可以使用可用的无线网络信息，通过基于位置的广告移动边缘应用来计算终端的位置
位置	当 MEC 系统支持特性无线网络信息时，应该有一个 MEC 服务提供适当的最新无线网络信息
路由	移动边缘平台应提供服务，允许授权应用从终端接收或向终端发送用户面流量
	移动边缘平台应提供服务，允许授权应用检查和修改选定的上行或下行的用户面流量
	MEC 管理功能应允许管理流量重定向规则
	移动边缘平台应具备选择应用的能力，将相同的流量路由到所选应用，并为其分配优先级。流量重定向过程中的选择、优先级排序和路由应该基于每个应用定义的重定向规则（优先级用于确定应用之间的路由顺序）
合法	MEC 系统应遵守合法监听和留存数据的监管要求 这些在 ETSI TS 101 331 [i.15] 和 ETSI TS 102 656 [i.16] 中被引用

非功能性设计需求如表 7-8 所示。

表 7-8　非功能性需求

类别	需求
可靠性	为了保证移动网络的可靠性，可以部署双 MEC 进行容灾。这样避免了单个 MEC 故障影响用户查看以及影响数据绕过大规模网络
安全性	移动边缘平台应提供服务，允许授权应用与平台提供的服务通信
	移动边缘平台应提供安全环境，以便在必要时提供和消费服务
SLA 保障	移动边缘平台应提供对时延敏感的系统，以确保终端无缝查看内容

园区网络中的机器视觉调用流程如图 7-10 所示。

园区网络中的机器视觉调用流程如下所示：

1）通过 CFS 门户，租户请求所选边缘上的视频编排和优化服务。

2）OSS 验证租户认证和授权。

3）OSS 触发应用部署。

4）MECM 获取应用安装包，选择节点主机并实例化部署。

5）VIM 实例化应用。

6）MEC 主机部署与配置基于位置的广告应用。

7）MEC 主机接收终端请求。

8）CDN 应用检查缓存，以获取缓存中未命中的存储内容（如果需要）。

9）提供缓存中的内容，或者当缓存未命中时重定向到互联网 / 核心网。

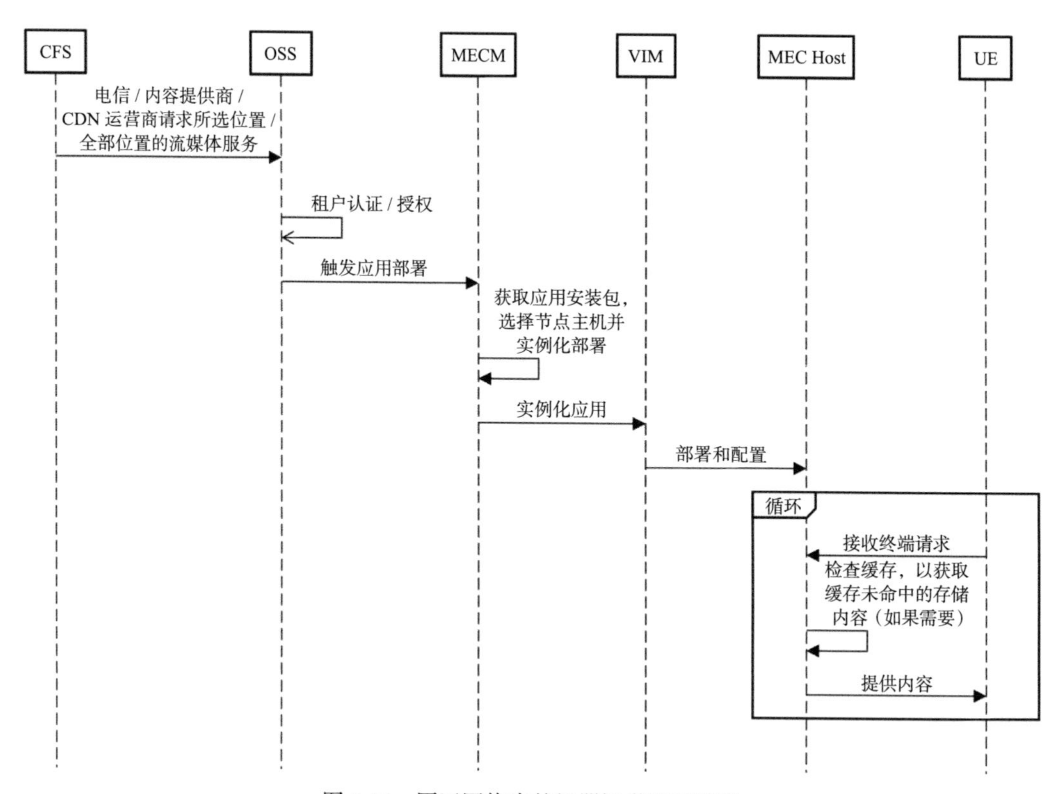

图 7-10　园区网络中的机器视觉调用流程

7.5　流媒体优化

在企业本地部署端到端流媒体解决方案套件，使其成为办公楼的组成部分。该解决方案支持 4K/8K 视频播放、园区视频会议以及包括 VR 在内的若干应用。

电话会议是企业中一种至关重要的通信手段，它让员工具有高度的灵活性和地点自主性。当今，电话会议从纯语音会议过渡到了视频 + 语音会议，这增加了现场感。电话会议也成为影响工作组内部成功协作的重要因素。在电话会议中使用 AR 技术可以获得更好的效果。借助 AR 的沉浸式用户体验有助于用户获得真实的现场感。然而，AR 技术对时延和图像质量的要求更高，这成为在移动设备上应用的障碍。

因此，需要减少远离边界的流媒体数量，从而改善整体体验，同时减少企业广域网上的流量，达到降低企业和运营商成本的效果。同时，需要把计算从终端设备上迁移，并保证用户的 VR 体验。

1. 场景分析

企业 ICT（信息通信技术）服务的对象是一组明确且管控良好的用户，即员工和其他经授权的合作方。此外，它们本质上局限在企业所在地或执行核心操作的位置，而且是针对特定目的设计的，有时是通过量身定制的解决方案来实施的。因此，MEC 作为一种天然的合作伙伴技术，为企业提供边缘计算和通信基础设施功能。

本节会用一个比较复杂的企业部署案例来展示企业 ICT 服务应用。需要说明的是，在很多企业中进行的实际部署会比下面案例中介绍的要简单。

下面以 AR/VR 为例进行讲解。VR 终端通过 5G NR 空口（gNB）访问 MEC 边缘业务平台上的本地应用内容。视频转码处理和云游戏图形计算、渲染均在边缘站点完成，无须将业务流上传到互联网的集中云中。由于 MEC 边缘业务平台是互联网中云平台的延伸，因此不需要对应用进行定制开发，而是照常运行专门设计的应用组件，实现应用的快速部署和迭代。

MEC 管理平台部署在本地或区域数据中心，以实现 MEC 业务平台在企业内部的协同管理。

2. 技术方案

MEC 管理能够根据企业应用需求和接入网特点，通过一个或多个合适的接入网连接，对运行在靠近设备位置的 MEC 主机上的企业应用进行最佳编排和调度。对于 AR 会议等企业应用，MEC 管理可以选择具有高带宽的 WiFi 或固定接入的 MEC 主机来实例化应用以将业务交付给用户。

MEC 的基本操作是在接入网和 MEC 主机上的应用实例之间转发流量。在企业业务场景中，经常需要由用户自己定义附加过滤能力和定向流量，比如与特定用户相关的所有流量被定向到 MEC 指定的应用并完成相关处理，处理后再重新回到运营商网络。由于是移动运营商的用户管理系统和企业接入、身份管理系统，因此需要一种接入控制服务，以一种双方均可接受且可信的方式与运营商连接。

终端发出的接收流媒体的请求被定向到流媒体应用。当用户选择流媒体时，边缘流媒体应用将选择的内容发送给用户。其他外网流量将继续被路由到核心网，如图 7-11 所示。

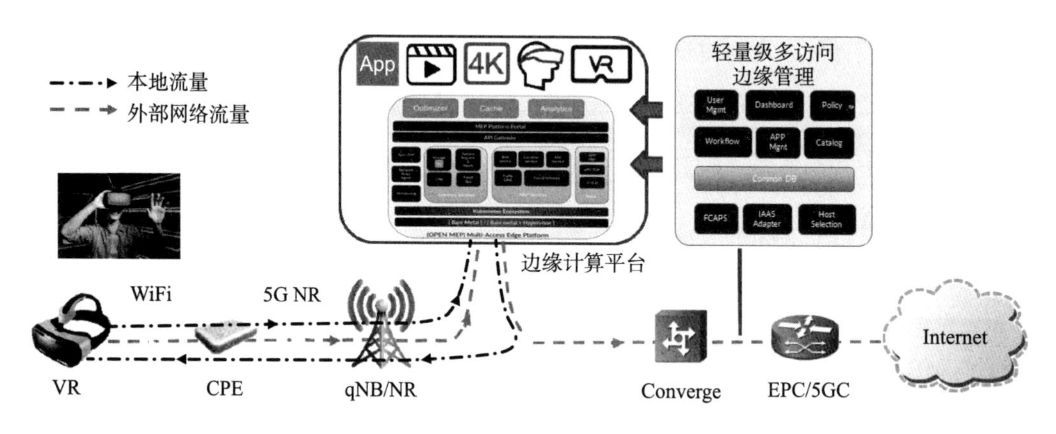

图 7-11　企业解决方案架构中的流媒体与娱乐应用

流媒体与娱乐应用功能性设计需求如表 7-9 所示。

表 7-9　流媒体与娱乐应用功能性设计需求

类别	需求
连通性	平台应提供安全的环境，在必要时提供和消费服务
	移动边缘平台应具备选择应用的能力，将相同的流量路由到所选应用，并为其分配优先级。流量重定向过程中的选择、优先级排序和路由应该基于每个应用定义的重定向规则
	MEC 平台需要提供一种连接基于位置的广告移动边缘应用以获取位置信息的机制

（续）

类别	需求
连通性	当用户终端从一个小站切换到另一个小站，不论切换后的小站与切换前的小站是否属于同一个移动边缘服务器，移动边缘系统都应能够保持用户终端和应用实例之间的连接不中断
	移动边缘平台可以使用可用的无线网络信息，通过基于位置的广告移动边缘应用来计算终端的位置
位置	平台应提供展示特定位置的终端列表，并包含上下文信息
路由	移动边缘平台应提供服务，允许授权应用从终端接收或向终端发送用户面流量
	移动边缘平台应提供服务，允许授权应用检查和修改选定的上行或下行的用户面流量
	MEC 管理功能应允许管理流量重定向规则
	移动边缘平台应具备选择应用的能力，将相同的流量路由到所选应用，并为其分配优先级。流量重定向过程中的选择、优先级排序和路由应该基于每个应用定义的重定向规则（优先级用于确定应用之间的路由顺序）

企业流媒体和娱乐应用非功能性设计需求如表 7-10 所示。

表 7-10　企业流媒体和娱乐应用非功能性设计需求

类别	需求
可靠性	为了保证移动网络的可靠性，可以部署双 MEC 进行容灾。这样可避免单个 MEC 故障影响用户查看以及影响数据绕过大规模网络
安全性	移动边缘平台应提供服务，允许授权应用与平台提供的服务通信
	移动边缘平台应提供安全环境，以便在必要时提供和消费服务
SLA 保障	移动边缘平台应提供对时延敏感的系统，以确保终端无缝查看内容

企业流媒体和娱乐应用调用流程如图 7-12 所示。

企业流媒体与娱乐应用调用流程如下所示：

1）通过 CFS 门户，企业租户请求所选边缘上的企业流媒体服务。

2）OSS 验证租户认证 / 授权。

3）OSS 触发应用部署。

4）MECM 获取应用安装包，选择节点主机并实例化部署。

5）VIM 实例化应用。

6）MEC 主机部署与配置应用。

7）MEC 主机收到流媒体请求后进行访问控制。

8）MEC 主机向终端发送视频流媒体。

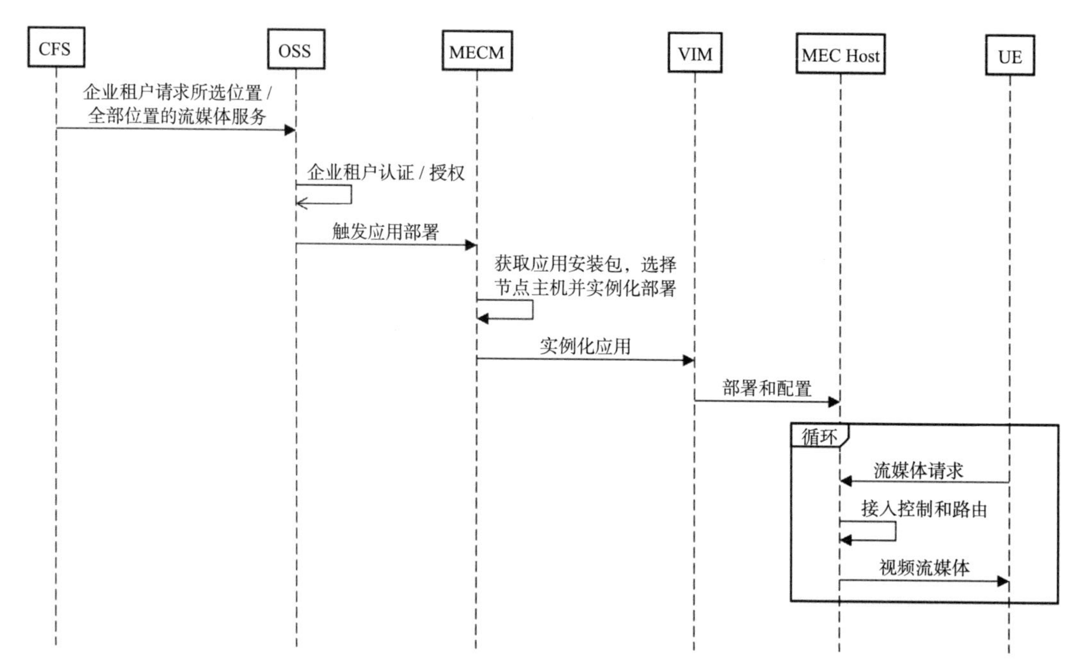

图 7-12 企业流媒体和娱乐应用调用流程

7.6 园区网络中的机器视觉应用

机器视觉系统（MVS）是一种使计算设备检查、评估和识别静止或移动图像的技术。

MVS 通常由数码照相机和后端图像处理软硬件组成。前端摄像机从环境或聚焦的对象中采集图像，并发送给处理系统。MVS 根据设计和需要，处理或存储采集到的图像。

其中一个用例是智能工厂生产车间。PLC 控制器由机器视觉驱动，并广泛应用于生产线的自动质量检测和智能控制。

智能工厂机器视觉应用场景示例如下：

- 5G 液晶显示面板徘徊检测：采用高清图像进行集中质量检测并提供质检结果。
- 5G 液晶显示屏背光 De-mura 校正：基于 5G 进行回传、检测、快速反馈。

生产车间的机器视觉存在很多痛点和需求：

- MVS 的摄像机与图像分析服务器之间的距离不能过大（一般要求小于 30m），因此摄像机无法远程部署。
- 每条生产线最多有几十台机器视觉服务器，这会占据大量生产线空间。
- 检测和快速反馈需要实时响应，不适合云化方案。

1. 场景分析

MVS 可在异地集中化部署。工业摄像机采集的图像信息可以通过 5G 网络传输到远程 MVS。检测结果可以快速反馈到生产线控制系统。

因此，MEC 组网方案可以满足生产车间的机器视觉需求。将用于处理计算工作的 MVS 部署在企业机房，甚至 MEC 平台上（MEC 提供 MVS 所需的 GPU 等基础设施资源），生产线上只保留工业摄像机用于机器视觉。

MEC 服务器可以部署在企业机房（由运营商和企业进行协商），通过 5G SM 网络将工业摄像机的图像数据传送到 MVS。数据在本地分发，将数据限制在园区内。

2. 技术方案

在 MEC 平台部署 MVS。MEC 平台提供基础设施能力以支撑复杂计算。

当多种终端同时接入 5G+MEC 网络时，需要针对不同类型的终端配置 QoS 参数，以保证实时性强、时延低的业务（如工业摄像机图像回传）的优先级。

"5G+ 机器视觉"解决方案以 5G+MEC 计算能力为基础，选择机器视觉作为上层应用，形成端到端的解决方案。机器视觉应用部署在 MEC 上，通过数据本地化实现云化控制、算法自优化、企业数据安全。此外，该解决方案降低了成本，提高了质量和效率，因为应用了云化算法，所以大幅减小了投入成本，如图 7-13 所示。

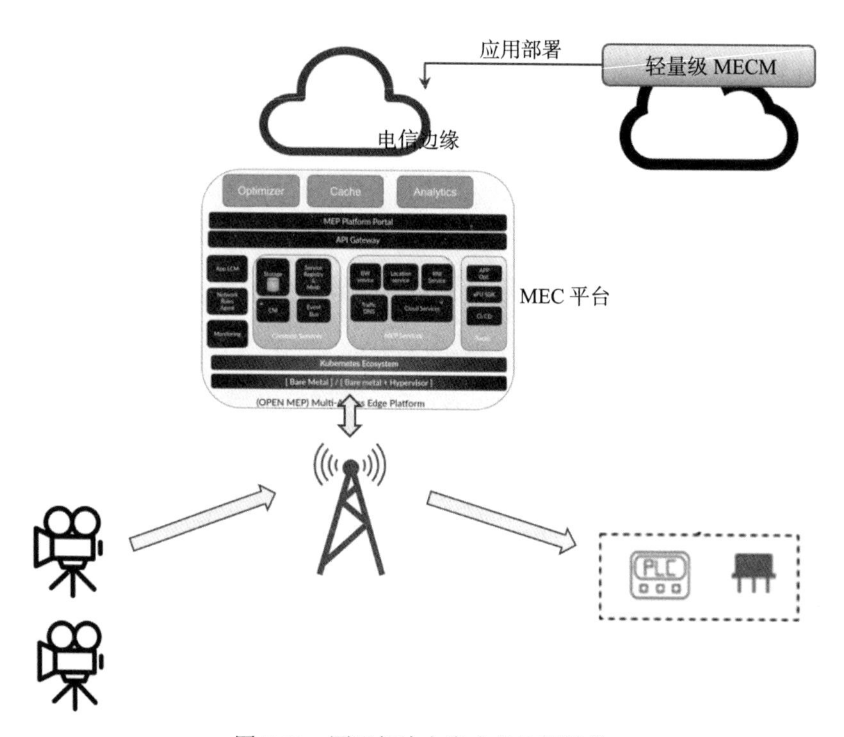

图 7-13　园区解决方案中的机器视觉

5G+ 机器视觉解决方案的功能性设计需求如表 7-11 所示。

表 7-11　5G+ 机器视觉解决方案的功能性设计需求

类别	需求
组网	MEC 部署在企业机房（由运营商和企业协商），通过 5G SM 网络将工业摄像机的图像数据传送到 MVS。数据在本地分发，从而避免数据流出园区
应用部署	MVS 部署在 MEC 平台上。MEC 平台提供 x86+GPU 基础设施

5G+ 机器视觉解决方案的非功能性设计需求如表 7-12 所示。

表 7-12　5G+ 机器视觉解决方案的非功能性设计需求

类别	需求
可靠性	为了保证移动网络的可靠性，确保企业数据限制在园区网络，需要部署双 MEC 进行容灾。这样可避免单个 MEC 故障影响用户查看以及影响数据绕过大规模网络
安全性	移动边缘平台应提供服务，允许授权应用与平台提供的服务进行通信
SLA 保障	当多种终端同时接入 5G+MEC 网络时，需要针对不同类型的终端配置不同的 QoS 参数，从而保证高实时、低时延业务的优先级

园区网络中的机器视觉调用流程，如图 7-14 所示。

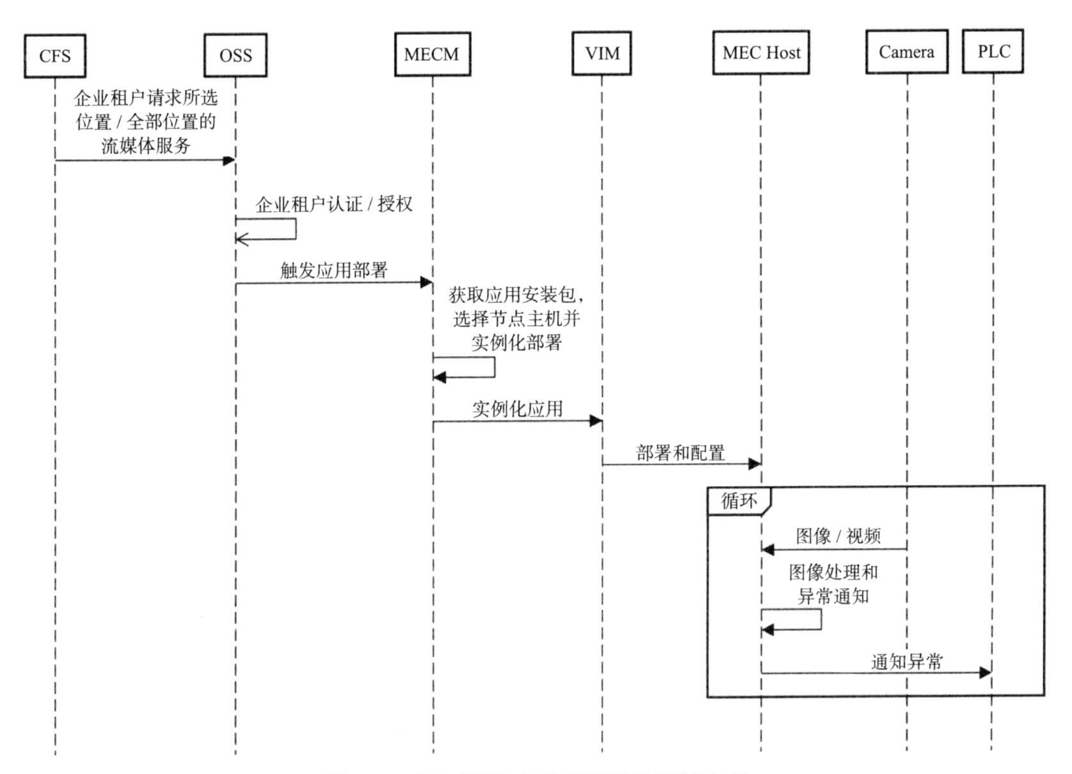

图 7-14　园区网络中的机器视觉调用流程

园区网络中的机器视觉调用流程如下所示：

1）通过 CFS 门户，企业租户请求所选边缘上的企业流媒体服务。

2）OSS 验证租户认证 / 授权。

3）OSS 触发应用部署。

4）MECM 获取应用安装包，选择节点主机并实例化部署。

5）VIM 实例化应用。

6）MEC 主机部署及配置应用。

7）发送摄像机的数据至 MEC 主机。

8）MEC 主机分析数据，检测到异常时发出通知。

7.7 移动办公

得益于原生的桌面接口以及附加的增值应用，移动设备正逐步取代企业市场中的固定通信硬件，以及笔记本电脑中的软件和办公服务。这也是消费者市场的趋势。从2010年起，智能手机、平板电脑中的硬件和软件以及互联网云平台就开始取代消费者市场中许多设备和物理技术。在企业场景中，WiFi可能会被5G取代，原因如下：

- 企业可以购买5G小站设备（小站塔）并部署在室内，为员工提供5G服务。服务提供商可以在企业中部署5G实现5G无线覆盖，企业可以利用现有的基础设施提供专用无线网络服务。服务提供商可以为企业相关业务划分5G网络切片。
- WiFi网络由企业的IT管理员单独部署和管理。利用5G基础设施，相比利用企业WiFi将减少大量管理支出。
- WiFi为企业带来了更好的安全性，因为企业可以完全控制在专有WiFi网络上的操作。在5G和服务化架构（SBA）的帮助下，企业可以通过API管理基于5G的企业专用无线网络，控制级别与WiFi网络相同。
- 随着WiFi标准的不断演进，企业每3～5年就需要对WiFi设备进行一次升级。有了5G，这些支出可以转移给服务提供商。服务提供商将负责定期升级无线基础设施。
- 随着企业使用基于5G的专用无线网络，提供VoIP服务的座机电话可能会消失。每个员工可以在任何地方通过手机无线接入，无须限制在办公桌前。

安装了小站的企业和运营商可以利用边缘流量分流，在自己的办公场所实现高效通信，而无须将流量送到网络的核心。这不仅适用于数据交换，也适用于其他类型的通信服务，如语音和统一通信。支持统一通信的应用特别适合部署在边缘。

1. 场景分析

根据不同场景可能有不同的部署方式，例如大型企业可能拥有室内和室外混合园区（例如汽车测试和组装设施），此时就应允许员工使用自带设备访问众多企业应用。只有员工在现场时才能访问，这种情况下的接入是自动的。考虑到企业访问策略的合理性，可以将员工设备和移动标识关联为合适的企业身份。这种情况可以应用在室内 WiFi 网络以及室外基于 LTE 的接入中。企业流量不会离开企业办公场所。

一旦室内网络具备了强大的覆盖能力和容量，企业就可以开始走向真正的移动办公了，将业务工具迁移到移动设备中，员工可以随时随地访问云化业务工具。

移动边缘平台应具备本地分流特性，且可对预期的企业业务流量进行过滤和路由。移动边缘平台应允许授权应用检查选定的上行或下行用户面流量。根据可配置参数重定向终端之间往返互联网应用的流量到移动边缘平台。

应用基于 MEC 技术对企业网络进行分流，员工的智能手机和平板电脑能快速接入企业局域网。一个典型的例子是，与企业用户级交换机进行统一通信，允许企业用户通过自带设备进行通信。MEC 和 PBX（用户级交换机）统一需要具有以下特性：

- **内部呼叫重路由：** 支持对企业员工内部分机的呼叫（IP-PBX）进行路由和处理。
- **身份标识：** 将用户的企业标识与移动网络流量关联，支持基于企业用户身份的流量规则。
- **时间路由：** 设置规则和策略的能力，根据不同的时间以不同的方式处理终端流量。
- **企业消息：** 支持根据企业用户身份对移动消息的应用流量进行选择性重路由，实现企业即时通信和短信息服务的融合，如实现企业寻呼特性。

2. 技术方案

MEC 平台应提供有助于将 IP 流量与特定终端关联起来的功能。通过使用外部定义的标识，该终端与外部网络标识（例如通过活动目录）连接。要基于行业标准进行关联，这样可保护用户隐私，以及在移动网络和企业中的身份信息。

MEC 平台可以在运营商网络和企业网之间路由企业用户的用户面流量，且无须经过相关应用。应用负责管理用户内容中与访问控制、完整性等相关的部分。

MEC 应用应设计为用于收集关于可用服务使用情况的统计数据（例如，预下载和缓存其他员工可能感兴趣的信息），如图 7-15 所示。

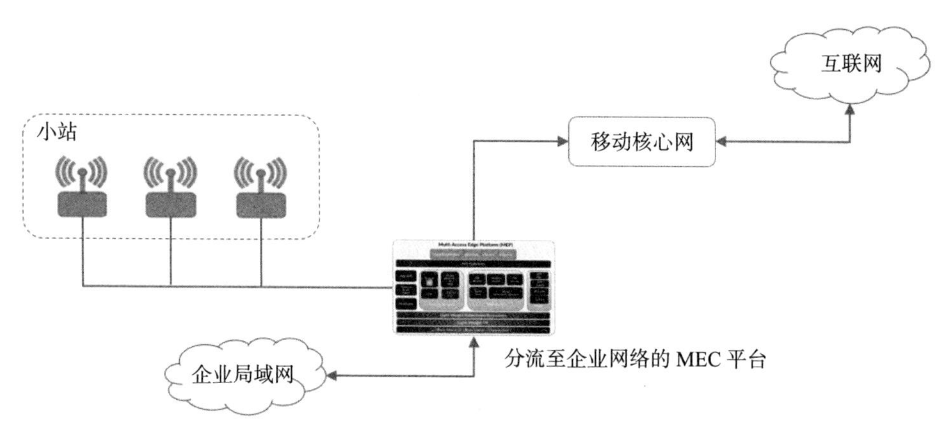

图 7-15 移动办公场景图

移动办公解决方案的功能性设计需求如表 7-13 所示。

表 7-13 移动办公解决方案功能性设计需求

类别	需求
连接性	平台应提供安全的环境，在必要时提供和消费服务
	当用户终端从一个小站切换到另一个小站，不论切换后的小站与切换前的小站是否属于同一个移动边缘服务器，移动边缘系统都应能够保持用户终端和应用实例之间的连接不中断
	企业员工可以根据所使用的业务应用（高清视频会议、企业视频消息等）按需使用网络
	移动边缘平台应具备选择应用的能力，将相同的流量路由到所选应用，并为其分配优先级。流量重定向过程中的选择、优先级排序和路由应该基于每个应用定义的重定向规则
存储	应提供弹性和持久的内容存储空间
路由	移动边缘平台应提供服务，允许授权应用从终端接收或向终端发送用户面流量
	移动边缘平台应提供服务，允许授权应用检查和修改选定的上行或下行的用户面流量
	MEC 管理功能应允许管理流量重定向规则
	移动边缘平台应具备选择应用的能力，将相同的流量路由到所选应用，并为其分配优先级。流量重定向过程中的选择、优先级排序和路由应该基于每个应用定义的重定向规则（优先级用于确定应用之间的路由顺序）

移动办公解决方案非功能性设计需求如表 7-14 所示。

移动办公解决方案调用流程如图 7-16 所示。

表 7-14　移动办公解决方案非功能性设计需求

类别	需求
可靠性	为了保证移动网络的可靠性，可以部署双 MEC 进行容灾。这样可避免单个 MEC 故障影响用户查看以及影响数据绕过大规模网络
安全性	移动边缘平台应提供服务，允许授权应用与平台提供的服务进行通信
	用户通信应基于单个用户标识，提供由 MEC 应用控制的易于访问的管理服务
SLA 保障	移动边缘平台应提供对时延敏感的系统，以确保终端无缝查看内容
监控	MEC 应用应设计用于收集关于可用服务使用情况的统计数据（例如，预下载和缓存其他员工可能感兴趣的信息）
	利用当前小站容量（带宽、时延等）实现能够确保用户流量动态适配的 MEC 应用

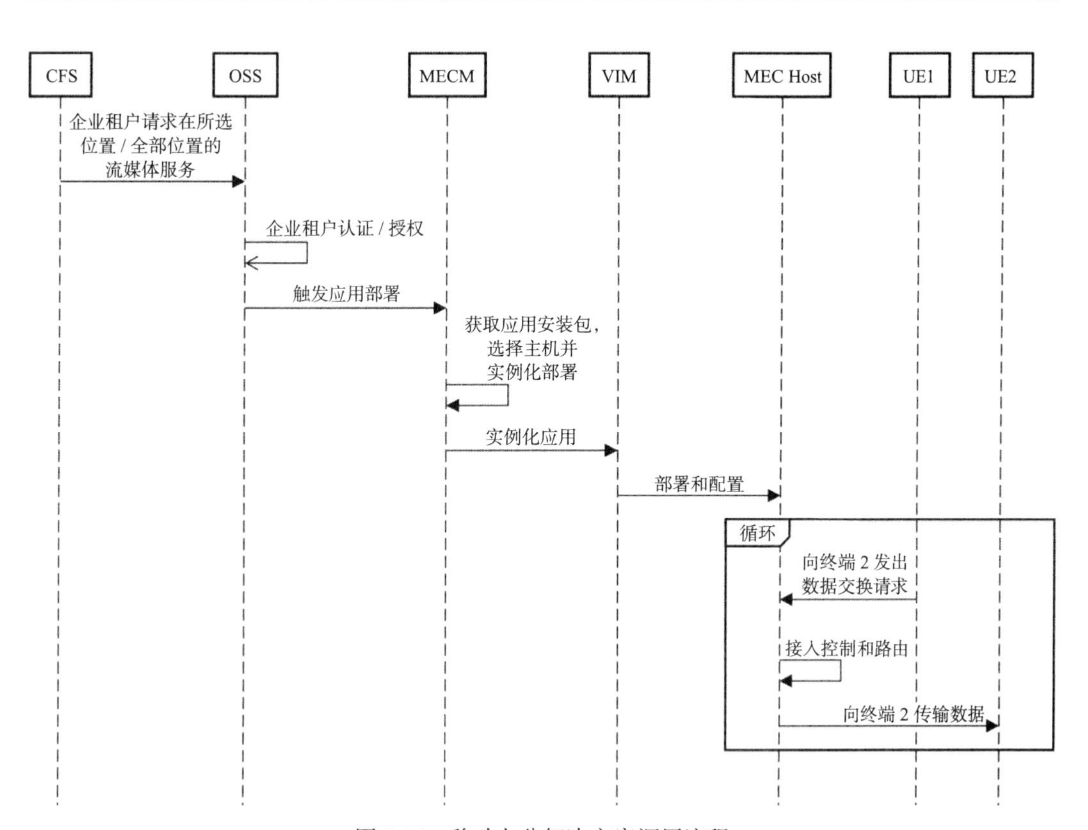

图 7-16　移动办公解决方案调用流程

移动办公解决方案调用流程如下所示：

1）通过 CFS 门户，企业租户请求所选边缘上的企业流媒体服务。

2）OSS验证租户认证/授权。

3）OSS触发应用部署。

4）MECM获取应用安装包，选择节点主机并实例化部署。

5）VIM实例化应用。

6）MEC主机部署和配置应用。

7）MEC主机收到数据交换请求后进行访问控制。

8）MEC主机实施本地分流。

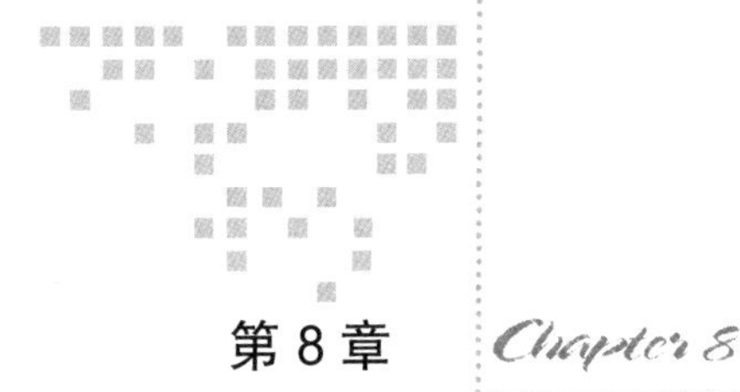

第8章 Chapter 8

其他活跃边缘计算开源项目

目前除了LF Edge、Akraino和EdgeGallery外，业界还有一些边缘计算开源项目，本章挑选一些目前比较活跃的边缘计算开源项目进行简单介绍。

8.1 EdgeX项目

EdgeX是由Linux基金会托管的供应商中立的开源项目，目的是为物联网边缘计算构建一个通用的开放框架。该项目的核心是一个互操作性框架，框架托管在完全与硬件和操作系统无关的软件平台中，以实现即插即用组件生态系统，从而统一市场并加速物联网解决方案的部署。EdgeX平台支持并鼓励快速增长的物联网解决方案提供商在这个生态系统中协同工作，以减少不确定性，加快产品上市时间并促进扩展。

EdgeX开源项目的目标包括：

- 构建并推广EdgeX作为统一物联网边缘计算的通用开放平台。
- 鼓励物联网解决方案提供商的社区围绕EdgeX平台架构创建可互操作的即插即用

组件生态系统。

- 创建业务增值，加快数据服务的上市时间，并为物联网边缘解决方案提供工具，适应不断变化的业务需求。
- 认证 EdgeX 组件以确保互操作性和兼容性。
- 与 LF Edge 等其他相关的开源项目、标准组和行业联盟合作，确保整个物联网的一致性和互操作性。

8.1.1 架构设计原则

通过 EdgeX 可以更轻松地监控物理世界，我们可以从中收集数据并发送指令，将数据从雾中移到可以存储、聚合、分析和转向的云中。EdgeX Foundry 整体架构的设计原则如下：

1）**技术中立：**与平台无关，与硬件、操作系统、南向协议无关。服务可以部署在边缘计算节点、雾计算节点、云端等地方。

2）**灵活性：**可以升级、替换 EdgeX 的任何一个服务。可以根据 EdgeX 运行硬件的性能的高低进行伸缩。

- 平台的任何部分都可以由其他微服务或软件（组件）进行升级、替换或扩充。
- 允许服务根据设备功能和用例进行扩展和缩小。
- EdgeX Foundry 应提供“参考实施”服务，但鼓励最佳解决方案。

3）**提供存储和转发功能：**在断网离线的情况下，支持本地存储转发功能。

4）**智能分析：**可以在边缘侧进行智能分析，从而降低反应延迟、减少网络流量和云端存储成本。

5）**应用场景支持：**支持 greenfield（新建）和 brownfield（新建和存量混合建设）两种环境下的应用场景。

6）**安全且易于管理。**

8.1.2 微服务架构

EdgeX 微服务架构是由 4 个微服务及 2 个增强的基础系统服务构成，4 个微服务包含了从物理域数据采集到信息域数据处理等一系列的服务，2 个基础系统服务为 4 个微服务提供支撑服务。4 个微服务如下：

- 设备服务负责采集数据及控制设备功能。
- 核心服务负责本地存储分析和转发数据，以及控制命令下发。
- 导出服务负责上传数据到云端或第三方信息系统，以及接收控制命令转发给核心服务。
- 支持服务负责日志记录、任务调度、数据清理、规则引擎和告警通知。

EdgeX Foundry 架构如图 8-1 所示。

图 8-1　EdgeX Foundry 架构图

核心服务包括以下组件：

- 核心数据（Core Data）：对南向对象中收集的数据进行持久性存储和相关的管理。
- 命令（Command）：促进和控制从北向到南向的请求服务。
- 元数据（MetaData）：对连接到 EdgeX Foundry 对象的元数据进行存储和关联管理，配置新设备并将其与其他设备服务配对。
- 注册表和配置（Registry and Configuration）：为其他 EdgeX Foundry 微服务提供有关 EdgeX Foundry 和微服务的配置属性（即初始化值存储库）。

支持服务（SS）包含广泛的微服务，可提供边缘分析和智能处理，并为 EdgeX Foundry 本身提供服务。提供正常的软件应用程序功能，例如日志记录、调度和数据清理。规则引擎、警报和通知微服务都在 SS 层内，本地分析功能也位于此层中，但在核心服务层之上运行。

导出服务（ES）提供了一组微服务，这些微服务执行以下活动：

- 使网关外客户端可以注册感兴趣的来自南向对象的数据。
- 通知何时何地传送数据。
- 告知要传送的数据的格式。

设备服务（DS）是与设备或物联网对象交互的边缘连接器，包括但不限于报警系统、家庭和办公楼中的供暖和空调系统、灯、机器工业系统、灌溉系统、无人机、自动化运输系统（如一些铁路系统）、自动化工厂，以及家中的电器。未来，还可能包括无人驾驶汽车和卡车、交通信号灯、全自动快餐设施、全自动自助杂货店，以及从患者那里获取医疗读数的设备等。

设备服务将 IoT 对象生成和传送的数据转换为通用 EdgeX Foundry 数据结构，并将转换后的数据发送到核心服务，以及 EdgeX Foundry 其他层中的其他微服务上。EdgeX Foundry 提供设备服务软件开发人员工具包（SDK），用于生成设备服务的 shell。

设备服务的功能示例如下：

- BACnet 设备服务将 BACNet 设备提供的温度和湿度读数转换为通用的 EdgeX Foundry 对象数据。
- 设备服务接收并转换来自其他 EdgeX Foundry 服务或企业系统的请求，并将这些请求传递给设备，用设备可理解的编程语言进行激活。
- 设备服务可能会收到关闭 Modbus PLC 控制电动机的请求。设备服务会将通用 EdgeX Foundry “关闭”请求转换为 Modbus 串行命令，PLC 控制电动机可以通过该命令进行驱动。

安全服务、管理服务（那前面说的2个基础系统服务）这两个软件模块虽然不直接处理边缘计算的功能性业务，但是对于边缘计算的安全性和易用性来说很重要。

通过安全服务，EdgeX Foundry内部和外部的安全元件可保护EdgeX Foundry管理设备，以及传感器和其他物联网对象的数据和命令。

系统管理工具为外部管理系统提供了中心联系点，以及启动、停止、重启EdgeX服务的功能或获取EdgeX服务指标（例如内存使用情况）的功能，以便监控EdgeX服务。在将来的版本中，EdgeX系统管理功能将会扩展到设置服务配置、提供所有服务的状态、检查运行状况，以及向管理平台提供其他性能和操作信息等方面。

8.2　Baetyl项目

Baetyl是由百度发起的边缘计算开放平台，以前称为OpenEdge，是中国第一个开源边缘计算平台。Baetyl加入LF Edge后成为第一阶段项目。

Baetyl将云计算、数据和服务无缝扩展到边缘设备，使开发人员能够构建轻便、安全和可扩展的边缘应用程序。

Baetyl可针对独立和小型多计算机场景，基于现代容器和无服务器设计概念优化并提供工程工具，使边缘硬件和云本机应用程序可以更好、更高效地协同工作。它可为智能家电、可穿戴设备和其他物联网设备等提供更强大的处理能力。

8.2.1　概念和架构简析

Baetyl为边缘计算提供了一个通用平台，该平台支持在不同类型的硬件设施环境中提供标准化的容器运行时环境和API，从而在本地或云端通过远程控制台高效地管理应用程序、服务和数据流。Baetyl还为边缘操作系统配备了适当的工具链支持，并通过一组内置服务和API降低了开发边缘计算的难度，将来还会提供图形化IDE。

如下是一些Baetyl中会涉及的基本概念：

- **系统**：专指Baetyl系统，包行主程序、服务、存储卷和使用的系统资源。
- **主程序**：指Baetyl实现的核心部分，负责管理所有存储卷和服务，内置引擎系统，对外提供RESTful API和命令行等。
- **服务**：指一组接受Baetyl控制的运行程序集合，这些运行程序用于提供某些具体的功能，比如消息路由服务、函数计算服务、微服务等。
- **实例**：指服务启动的具体的运行程序或容器，一个服务可以启动多个实例，也可以由其他服务负责动态启动实例，比如函数计算的运行时实例就是由函数计算管理服务动态启停的。
- **存储卷**：指被服务使用的目录，可以是只读目录，比如放置配置、证书、脚本等资源的目录，也可以是可写目录，比如日志、数据等持久化目录。
- **引擎系统**：指服务的各类运行模式（比如Docker容器模式和Native进程模式）的操作抽象和具体实现。
- **服务和系统的关系**：Baetyl系统可以启动多个服务，服务之间没有依赖关系，不应当指定它们的启动顺序（虽然当前还是顺序启动的）。服务在运行时产生的所有信息都是临时的，服务停止后这些信息都会被删除，除非映射到持久化目录。服务内的程序由于种种原因可能会停止，服务会根据用户的配置对程序进行重启，这种情况不等于服务的停止，所以信息不会被删除。

目前Baetyl开源了如下几个官方模块，其架构如图8-2所示。

- Baetyl-Agent：提供BIE[⊖]云代理服务，进行状态上报和应用下发。
- Baetyl-Hub：提供基于MQTT的消息路由服务。
- Baetyl-Remote-MQTT：提供Hub和远程MQTT消息同步服务。
- Baetyl-Function-Manager：提供函数计算服务，进行函数实例管理和消息触发的函数调用。
- Baetyl-Function-Python27：提供加载基于Python2.7版本的函数脚本的GRPC微

⊖ 百度公司推出的一款智能边缘产品。

服务，可以托管给 Baetyl-Function-Manager 成为函数实例提供方。

- Baetyl-Function-Python36：提供加载基于 Python3.6 版本的函数脚本的 GRPC 微服务，可以托管给 Baetyl-Function-Manager 成为函数实例提供方。
- Baetyl-Function-node85：提供加载基于 Node8.5 版本的函数脚本的 GRPC 微服务，可以托管给 Baetyl-Function-Manager 成为函数实例提供方。

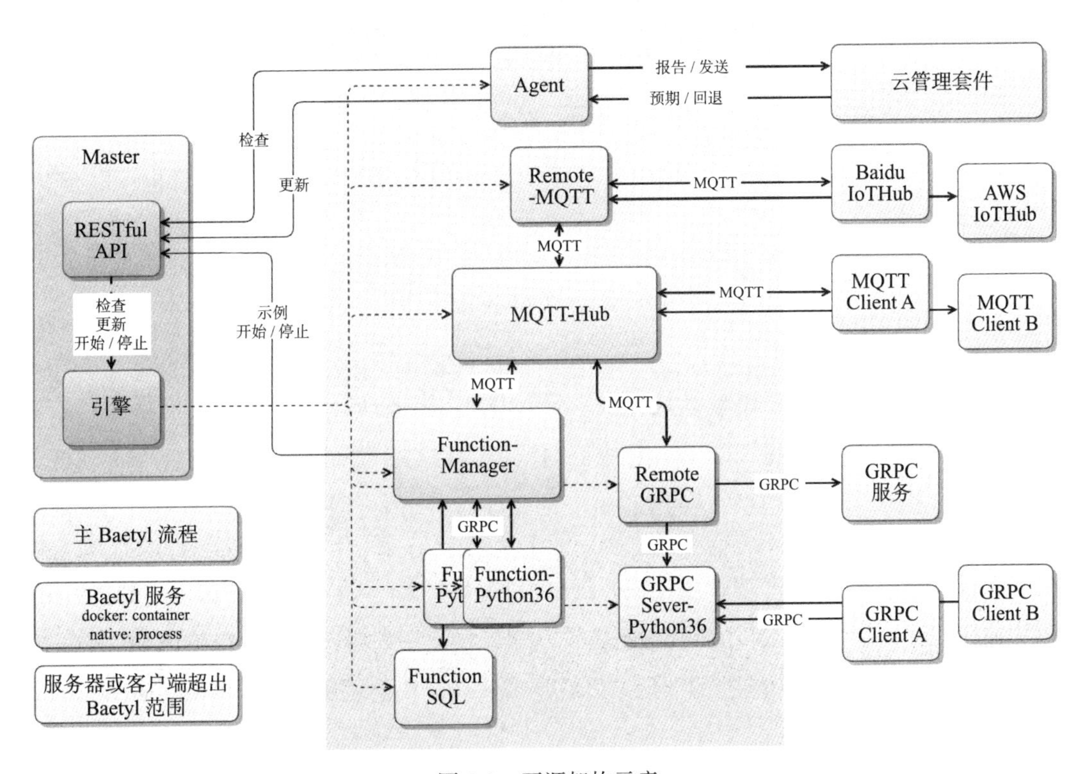

图 8-2　开源架构示意

8.2.2　开源代码框架

Baetyl 致力于在以下方面建立开源代码框架：

- 将不同形式的硬件抽象到统一的容器环境，从物联网设备到分布式集群，甚至是嵌入式设备。

- 支持开放应用程序模型，包括普通的开放容器倡议（OCI）和无服务器模式，例如FaaS和流技术。
- 提供与K8S原语兼容的标准化的远程管理模型。

一个完整的Baetyl系统由主程序、服务、存储卷和使用的系统资源组成。主程序根据应用配置加载各个模块并启动相应的服务，一个服务又可以启动若干个实例，所有实例都由主程序负责管理和守护。需要注意的是，同一个服务下的实例共享该服务绑定的存储卷，所以如果出现独占的资源，比如监听同一个端口，只能成功启动一个实例；如果使用同一个客户ID连接Hub，会出现连接互踢的情况。

目前官方提供了若干模块，用于满足部分常见的应用场景，当然开发者也可以开发自己的模块。

1. Baetyl-Agent

Baetyl-Agent又称云代理模块，负责和BIE云端管理套件通信，拥有MQTT和HTTPS通道，MQTT强制SSL/TLS证书双向认证，HTTPS强制SSL/TLS证书单向认证。开发者可以参考该模块实现自己的Agent模块来对接自己的云平台。

云代理接收到BIE云端管理套件的应用OTA（无线下载）指令后，会先下载所有配置中使用的存储卷数据包并解压到指定位置，如果存储卷数据包已经存在并且MD5相同则不会重复下载。所有存储卷都准备好之后，云代理模块会调用主程序的/update/system接口触发主程序更新系统。

如果设备无法连接外网或者需要脱离云端管理，可以从应用配置中移除Agent模块，离线运行。

2. Baetyl-hub

Baetyl-hub（简称Hub）是一个单机版的消息订阅和发布中心，采用MQTT3.1.1协议，可在低带宽、不可靠网络中提供可靠的消息传输服务。其作为Baetyl系统的消息中间件，为所有服务提供消息驱动的互联能力。

Hub 目前支持 4 种接入方式：TCP、SSL（TCP + SSL）、WS（WebSocket）及 WSS（WebSocket + SSL）。MQTT 协议支持的内容如下：

- 支持 QoS 等级 0 和 1 的消息发布和订阅。
- 支持 Retain、Will、Clean Session。
- 支持订阅含有 +、# 等通配符的主题。
- 支持符合约定的 ClientID 和 Payload 的校验。
- 暂时不支持发布和订阅以“$”为前缀的主题。
- 暂时不支持 Client 的 Keep Alive（保持连接）特性，以及 QoS 等级为 2 的发布和订阅。

注意　发布和订阅主题中含有的分隔符“/”不超过 8 个，主题名称长度不超过 255 个字符。

消息报文默认最大长度为 32Kbit，可支持的最大长度为 268 435 455B，约 256 MB，可通过 Message 配置项进行修改。

Client ID 支持大小写字母、数字、下划线、连字符和空字符（如果 CleanSession 为 false 则不允许为空字符），最大长度为 128 个字符。

消息的 QoS 只能降不能升，比如原消息的 QoS 为 0，则即使订阅 QoS 为 1，消息仍然以 QoS 为 0 的等级发送。

如果使用证书双向认证，Client 必须在连接时发送非空的账号和空的密码，账号会用于主题鉴权。如果密码不为空，则还会进一步检查密码是否正确。

Hub 支持简单的主题路由，比如订阅主题为 t 的消息并以新主题 t/topic 发布。

如果 Hub 模块无法满足要求，也可以使用第三方的 MQTT Broker/Server 来替换。

3. Baetyl-function-Manager

Baetyl-function-Manager 又称函数管理模块，提供基于 MQTT 的消息机制，具有高弹性、高可用、高扩展性、快速响应的计算能力，并且兼容百度云函数计算 CFC。需要注意的是，函数计算不保证消息顺序，除非只启动一个函数实例。

函数管理模块负责管理所有函数实例和消息路由规则，支持自动扩容和缩容。结构如图 8-3 所示。

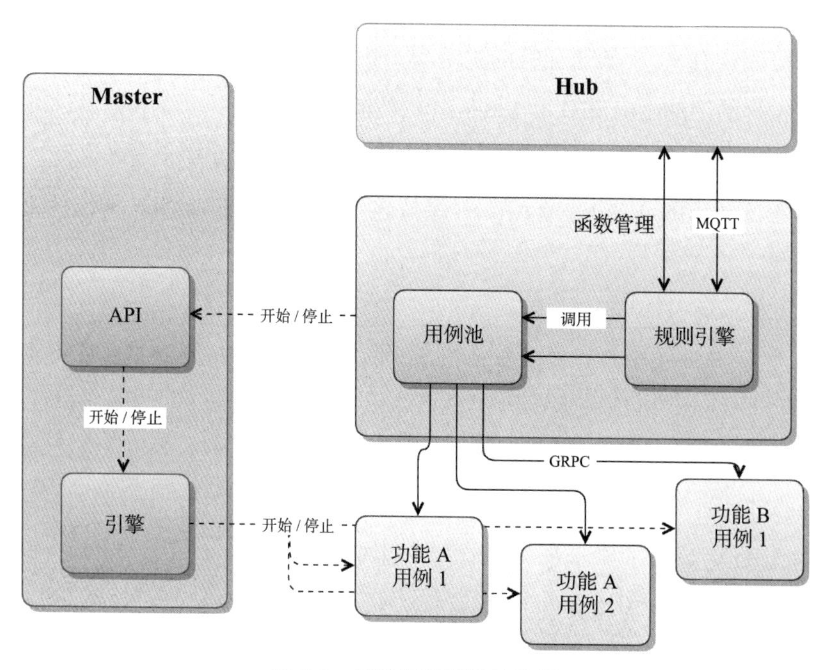

图 8-3 函数管理模块结构图

4. 函数计算服务

如果函数执行错误，则函数计算会返回如下格式的消息，以供后续处理。其中 functionMessage 是函数输入的消息（被处理的消息），不是函数返回的消息。示例如下：

```
{
    "errorMessage": "rpc error: code = Unknown desc = Exception calling
        Application",
    "errorType": "*errors.Err",
    "functionMessage": {
```

```
        "ID": 0,
        "QOS": 0,
        "Topic": "t",
        "Payload": "eyJpZCI6MSwiZGV2aWNlIjoiMTExIn0=",
        "FunctionName": "sayhi",
        "FunctionInvokeID": "50f8f102-2b8c-4904-86df-0728811a5a4b"
    }
}
```

5. Baetyl-function-Python27

Baetyl-function-Python27 模块的设计思想与 Baetyl-function-Python36 模块相同，但是两者的函数运行时不同。Baetyl-function-Python27 所使用的函数运行时基于 Python 2.7 版本，并提供基于 Python 2.7 的 pyYAML、protobuf3、grpcio。

6. Baetyl-function-Python36

Baetyl-function-Python36 提供的 Python 函数与百度云函数计算 CFC 类似，用户通过编写自己的函数来处理消息，可进行消息的过滤、转换和转发等。该模块可作为 GRPC 服务单独启动，也可以为函数管理模块提供函数运行实例。所使用的函数运行时基于 Python 3.6 版本。

Python 函数的输入输出可以是 JSON 格式也可以是二进制形式。消息 Payload 在作为参数传给函数前会尝试进行一次 JSON 解码（json.loads(payload)），如果解码成功则传入字典（dict）类型，失败则传入原二进制数据。

- Python 函数支持读取环境变量，比如 os.environ[‘PATH’]。
- Python 函数支持读取上下文，比如 context[‘functionName’]。

Python 函数示例如下：

```
#!/usr/bin/env Python3
#-*- coding:utf-8 -*-
"""
```

```
module to say hi
"""

def handler(event, context):
    """
    function handler
    """
    event['functionName'] = context['functionName']
    event['functionInvokeID'] = context['functionInvokeID']
    event['MessageQOS'] = context['MessageQOS']
    event['MessageTopic'] = context['MessageTopic']
    event['sayhi'] = '你好，世界!'
    return event
```

提示 在Native进程模式下，若要运行本代码库example中提供的index.py，需要自行安装Python 3.6，且需要基于Python 3.6安装protobuf3、grpcio（采用pip安装即可，即下载并运行pip3 install pyYAML protobuf grpcio）。

7. Baetyl-function-node85

Baetyl-function-node85模块的设计思想与Baetyl-function-Python36模块相同，为Baetyl提供Node 8.5运行时环境，用户可以编写Javascript脚本来处理消息，同样支持JSON格式和二进制形式的数据。Javascript脚本示例如下：

```
#!/usr/bin/env node

exports.handler = (event, context, callback) => {
    result = {};

    if (Buffer.isBuffer(event)) {
        const Message = event.toString();
        result["msg"] = Message;
        result["type"] = 'non-dict';
    }else {
        result["msg"] = event;
        result["type"] = 'dict';
```

```
    }

    result["say"] = 'hello world';
    callback(null, result);
};
```

提示　在 Native 进程模式下，若要运行本代码库 example 中提供的 index.js，需要自行安装 Node 8.5。

8. Baetyl-Remote-MQTT

Baetyl-Remote-MQTT 又称远程 MQTT 通信模块，可桥接两个 MQTT Server 进行消息同步。目前支持配置多路消息转发，可配置多个 Remote 和 Hub 同时进行消息同步，结构如图 8-4 所示。

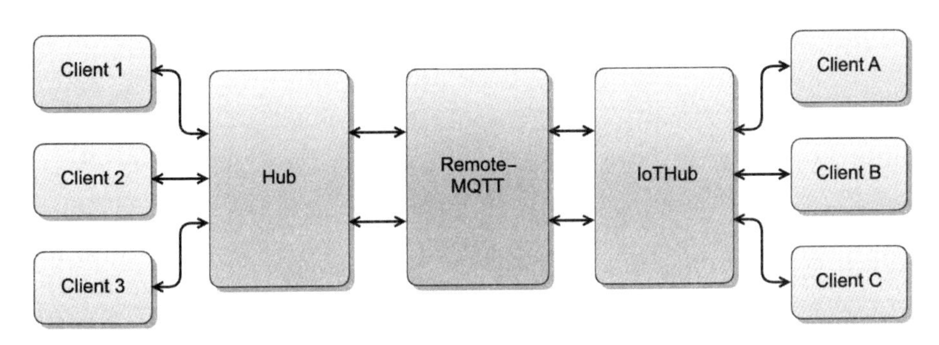

图 8-4　结构图

如图 8-4 所示，这里 Baetyl 的本地 Hub 与远程云端 Hub 平台之间通过 Baetyl 远程 MQTT 通信模块实现消息的转发、同步。进一步，通过在两端接入 MQTT Client 即可实现端云协同式的消息转发与传递。

8.3　FlEdge 项目

FlEdge 项目源自北美，是一个面向工业领域的开源框架和面向社区的开源项目，

FlEdge开发人员构建了更智能、更好、更具成本效益的工业制造解决方案，以加速工业4.0的采用。

近年来，与虚拟机相比，容器由于其有限的资源要求和更短的启动时间，已迅速在云应用程序中流行起来。因为管理大量容器复杂性很高，这导致容器编排器开始被广泛部署和扩展，例如Kubernetes。近来，边缘设备的功能已经变得足够强大，可以运行包含容器的微服务，同时在大小和功耗方面也足够灵活，几乎可以部署在任何地方。FlEdge项目的目的是在边缘设备上部署容器，并在云和边缘之间转移容器化的工作负载。大多数容器编排器都设计为可在云中运行，并且非常灵活且可以模块化，但对资源消耗却不太注意。

边缘设备通常是资源不足的设备，并且不可扩展，尤其是在内存方面。云中部署的容器通常是通用、可伸缩的微服务，位于边缘的容器将更适合用于本地计算，对扩展的关注较少。这意味着边缘容器协调器应首先用于构建资源，而较少用于持续移动和迁移的容器。

边缘设备通常位于网络中，对安全性和组织的关注可能较少。在许多情况下，设备被隐藏在带有防火墙或NAT的路由器后面，并且IP地址和端口映射是不可预测的。由于是针对云设计的，所以大多数容器协调员都希望有一个组织良好且同质的基础架构，其中所有网络资源都是可预测和可控制的。

另外，与云内通信不同，云外的通信可以很容易被拦截，因此，云与部署在边缘的容器之间的所有通信都应进行故障保护。因此，任何在边缘设备上部署容器的解决方案不仅应为容器在其中运行提供异构且可预测的网络环境，而且默认情况下还应确保与云的通信安全。诸如Kubernetes和Docker之类的容器管理工具的持续开发导致出现许多标准，例如用于容器网络的容器网络接口（CNI）示例，以及来自开放容器的标准倡议（OCI）。任何用于边缘容器部署的解决方案都应与现有容器标准兼容。如果忽略或未完全实施任何标准，则不应影响集群的其余部分。因此，对于边缘设备来说，良好的容器编排器应具有如下特性：

- 与现代容器（编排）标准兼容，或提供适当的替代方案。
- 默认情况下，确保边缘与云之间的通信安全，并且对云的影响最小。
- 对资源的需求低，主要是在内存方面，在处理能力和存储方面也是如此。

可以将 FlEdge 视为一种低资源消耗的容器编排器，它能够使用经过修改的 Virtual Kubelet 和 VPN 直接连接到 Kubernetes 集群。

FlEdge 是面向工业领域的开源框架和社区，重点关注关键操作、预测性维护、态势感知和安全性。FlEdge 的架构旨在将工业物联网（IIoT）、传感器、现代云计算技术、DCS（分布式控制系统）、PLC（程序逻辑控制器）和 SCADA（监督控制和数据）等集成在一起采集，所有这些都共享一组通用的管理和应用程序 API。

在构建 IIoT 应用程序时，开发人员和运营商在收集和处理不同类型传感器数据以实现业务自动化和转型时，不会再面临碎片化的问题。FlEdge 的现代可插拔体系结构消除了数据孤岛。为了使用一套一致的 RESTful API 来开发、管理和保护 IIoT 应用程序，FlEdge 创建了一个统一的解决方案。FlEdge 架构如图 8-5 所示。

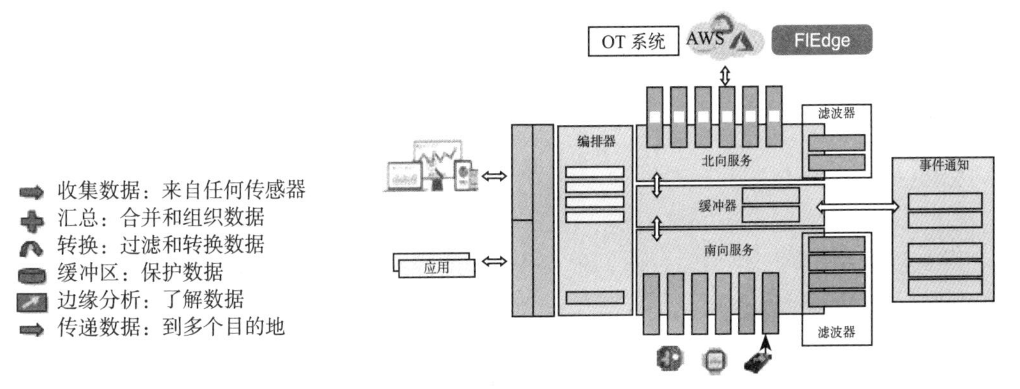

图 8-5　FlEdge 架构

对于工业设备供应商来说，FlEdge 构建了下一代机器，新机器具有如下功能：

- 自主学习；
- 维护自己；

- 与新的云服务集成；
- 与客户的现有和新兴数据系统集成；
- 开发新的业务模式，获得更高的利润率。

对于工业运营商来说，通过FlEdge可在需要的地方获取所有数据，这种方案的优点有：

- 可对所有机器的状况和预测性进行维护；
- 与使用DCS或SCADA相比，性价比高；
- 将所有数据置于工厂范围内；
- 扩展可管理的IIoT；
- 消除OT数据的复杂性和碎片化。

对于工业系统集成商，FlEdge可适用于所有IIoT业务的框架，从而实现如下目标：

- 加快部署；
- 实现更多、更紧密的集成；
- 拥有并重复使用现有增值代码；
- 扩展AD、ML、AI专业知识；
- 增加交付价值。

FlEdge社区致力于：

- 促进跨物联网、电信运营商、企业和云生态系统的行业合作；
- 加快边缘计算被采用和创新的速度；
- 促进LF Edge项目之间的协调。

FlEdge与Project EVE紧密合作，后者为FlEdge应用程序和服务提供系统服务、编排服务以及容器。在扩展规模时，工业运营商可以共同构建、管理、保护和支持其所有非SCADA、非DCS连接的机器，以及IIoT和传感器。

FlEdge还与Akraino Edge Stack集成在一起，两个项目都支持5G和专用LTE网络。

对 FlEdge 的声明要求是与现有容器标准和运行时兼容，Docker 和 Containerd 都是当下流行的容器运行时，且均支持 OCI 标准。从 1.11 版开始，Docker 使用 Containerd 作为基础容器运行时。在兼容性方面，两个运行时都是不错的选择，因此具体使用哪个取决于资源需求。

兼容性涉及的另一个方面是容器网络。在 Kubernetes 中，主节点对容器网络进行高层决策，例如将哪个 IP 范围分配给哪个节点。这些决策被中继到工作节点上的 CNI 兼容插件（例如 Flannel、Weave），这些插件将高层决策转换为底层网络配置。FlEdge 通过 Kubelet 和容器网络插件可从不同角度做到这一点。由于资源的限制，部署在边缘节点上的 POD 的数量可能很少，因此容器联网处理程序可以简单地为 POD 分配其范围内的第一个免费 IP 地址。相同的处理程序还可以确保正确配置网络名称空间。

Edge 设备（尤其是消费级）通常在几乎没有安全性和组织性的网络中运行。在 FlEdge 中，通过使用 OpenVPN 将边缘节点连接到云并在其顶部构建容器网络。使用 VPN 可以确保所有端口都是可用、开放的，所有 IP 地址分配是合理的，云是可以访问的。此外，设备的物理网络不再重要，因为可以根据参数来组织虚拟网络。默认情况下，边缘和云之间的流量是加密的，这可提供基本的安全。但是，这种方法有一些缺点：使用 OpenVPN（尤其是带有加密功能的）会浪费系统和网络资源，可能会降低群集的可伸缩性。此外，VPN 开销可能会对计算能力有限的边缘设备产生重大影响。对设备具有物理访问权限的任何人都可以通过 VPN 访问系统，甚至可以访问云资源。因为像 Kubernetes 和 K3S 一样，FlEdge 代理需要 root 访问权限才能正常运行。这个问题非常严重，因此需要硬件安全和 OS 级安全来防止这类问题出现。VPN 或 Kubernetes POD 网络中的所有设备都可以相互访问，但是其他设备只有位于同一物理网络中才能访问。FlEdge 流量示意如图 8-6 所示。

FlEdge 和 Kubernetes 之间的一个重要区别是，后者要求禁用所有交换操作才能运行，这会在内存有限的设备上引起严重的问题。FlEdge 没有这样的要求，允许所有内存子系统按预期执行。

K3S 是一种基于 Kubernetes 的新型容器编排器，专门针对边缘设备进行修改。K3S

的 0.1.0 版本已于 2019 年 2 月发布，而用于评估的 0.3.0 版本于 2019 年 3 月发布。K3S 具有自己的主节点，与连接到 Kubernetes 主节点的 FlEdge 不同。

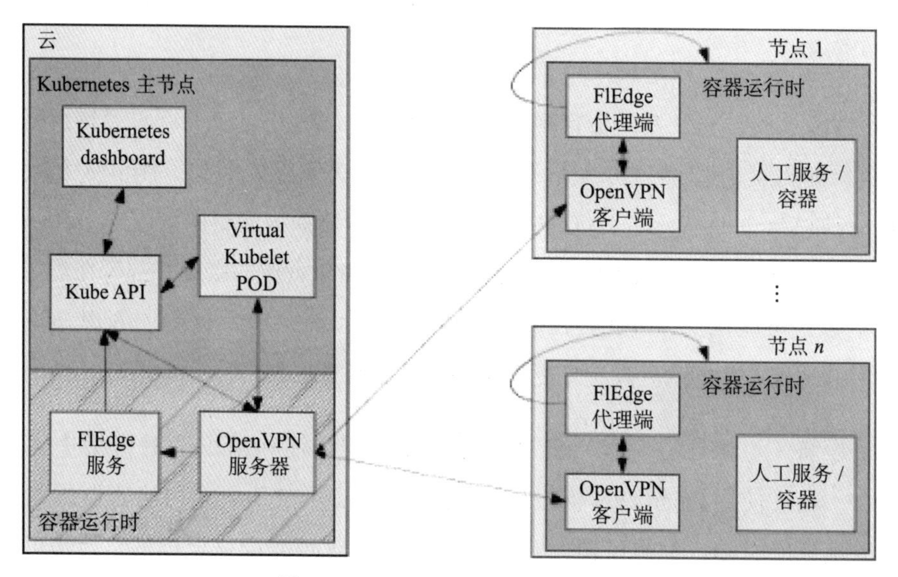

图 8-6 FlEdge 网络流量的示意图

与 FlEdge 从头开始并建立在与 Kubernetes 兼容的基础上不同，K3S 从完整的 Kubernetes 源代码开始，并且消除了不建议使用或很少使用的功能。与 FlEdge 一样，K3S 更喜欢使用某些功能的硬连线。例如，K3S 使用 Flannel 进行容器联网，并强制使用 Containerd。

K3S 由 Kubernetes 的全部资源构建而成，这意味着 K3S 对标准的支持非常出色，但这同时也意味着在资源需求方面是不利的。K3S 有自己的加入机制，目前与 Kubernetes 主节点不兼容，因此不能直接连接到现有的 Kubernetes 集群。

8.4 MobilEdgeX 项目

MobilEdgeX 是德电的分公司，成立于 2017 年，是 TIP（Telecom Infra Project）成员，总部位于美国旧金山。该公司聚焦于边缘计算，旨在打造一个基于边缘资源与服务的应用市场，并将应用程序的开发者与全球最大的移动网络相连接，以增强下一代应用和设备，使边缘计算能够得到更多访问并简化访问过程。MobilEdgeX 的首席执行官 Jason Hoffman 为爱立信前云基础设施部门负责人，他提倡"边缘最根本的用户是应用程序的开发者"。该公司的目标是构造一个边缘云作为连接运营商、应用开发者、云供应商和设备商的桥梁。

MobilEdgeX 发布的 MobilEdgeX 项目的定位不是成为一个新的边缘架构平台，而是成为一个基于位置用于用户鉴权、边缘动态注入的生态系统。在本书撰写之际，面向 2B 市场的 MEC 正在快速发展着，大量面向工业制造、园区的 MEC 平台和 MEC App 开始出现。而 MobilEdgeX 项目选择了一个非常巧妙的定位，它既不是做 MEC 平台也不是做 App，MobilEdgeX 项目可以接入、管理和调度 MEC 的所有资源。它不单单能够应用于 2B 市场，也能够应用于更广阔的 2C 市场。它充分利用了运营商的先天优势，在 MEC 的生态中基于自己的生态控制点扩张自己的版图。

智能手机始于 iPhone 和 App Store。在此之前，设备和用户应用程序由每个移动运营商单独控制。App Store 在很大程度上削弱了移动运营商的中介功能，这使得设备制造商更难以利用移动运营商资产（包括用户关系）。MobilEdgeX 项目为设备制造商和移动运营商提供了新的机会，其通过增加设备支持服务来增加用户设备和服务市场的机遇，其可与现有的基础设施集成在一起。

MobilEdgeX 项目具有以下保证边缘生态系统成功启用的关键特性：

- **自助服务控制台**：开发者可以通过控制台自动管理那些运行在所有运营商分布式边缘基础设施上的应用。
- **支持多种软、硬件环境**：需要支持独立的容器、Kubernetes 或虚拟机，也需要支持一些特殊的硬件设备，如 GPU 等。
- **分布式匹配引擎**：将通过无线和有线方式接入网络且处于边缘附近的虚拟化小型云中的 CPU 和 GPU 聚合在一起统一调度。在考虑开发者与运营商不同策略的前提下，自动将用户与最近可用的边缘节点进行匹配。
- **与基础设施无关**：编排与应用的部署应独立于底层的基础设施，可以实现多云、多供应商与多接入。

- **声明式自主部署**：采用声明式的方式自主部署应用容器或虚拟机，实现配置、安全与需求方客户端的负载均衡与扩缩容的零接触式管理。
- **具有非蜂窝设备的可信代理**：使用智能手机或蜂窝网络控制平面去代理非蜂窝设备，例如AR眼镜、机器人和无人机等。

MobilEdgeX项目推出全球首个公有移动边缘网，该网络运行于德电的德国移动网中，其首次将运营商的资源直接开放给了应用开发商和设备供应商。MobilEdgeX于2019年2月推出MobilEdgeX Edge-Cloud R1.0，其用于增强移动边缘网络。同年6月发布了Edge Navigator，其提供了一个可视化数据展示平台，MobilEdgeX公司在该平台公布了其持续三年的移动边缘用例研究数据。通过这些数据可以了解哪些方向将可能成为未来边缘技术的基础。截至2019年9月，与其合作的顶级网络运营商数量已经增加到13家，范围涉及欧洲、亚洲和北美。

对于应用程序的开发者而言，MobilEdgeX Edge-Cloud R1.0能够简化应用程序容器在边缘侧的部署，使其如同部署在超大规模数据中心云上一样简单。在应用程序运行时，MobilEdgeX Edge-Cloud R1.0能够在边缘云站点处（也称为Cloudlets）按需为应用程序容器提供加速服务，尽最大可能满足应用程序的实际运行需求，实现最优化用户体验。MobilEdgeX Edge-Cloud R1.0通过实现并提供以下功能来对现行网络中正在运行的、引人注目的新用例进行增强：

- 根据用户的位置验证身份认证信息，自动将应用程序的后端部署在靠近用户的一侧。MobilEdgeX Edge-Cloud R1.0内置的位置验证服务能够自动关联硬件设备内部的定位系统，指导边缘客户端连接到合适的边缘站点。
- 支持增强现实和混合现实的性能，使得移动网络天然具有低时延特性，并且在地理上接近终端用户设备；支持智能眼镜或其他可穿戴设备上的增强现实与混合现实体验（这些设备由于造价、重量等原因，其本身并没有CPU和GPU）。
- 视频与图片的处理满足当地的隐私法规。MobilEdgeX Edge-Cloud R1.0保证了用户数据存储在本国内且会得到控制和隐私保护；提供特定国家的控制平面来确保特定国家的应用程序和数据保留在该国家，以满足 GDPR（General Data Protection Regulation）与其他隐私法规。

MobilEdgeX Edge-Cloud R1.0 的关键特性如下：

- **设备和平台无关的 SDK**：该 SDK 支持 Java、C++、C# 与 REST 等编程语言，支持 Android 与 iOS 设备，具有边缘节点的发现、内置身份认证与位置识别服务，并能自动连接到最近的边缘位置。MobilEdgeX 将开源该 SDK 以增加部署的效率，提升灵活性，促进生态发展。
- **分布式匹配引擎**（Distributed Matching Engine，DME）：该 DME 允许应用程序开发者确认其应用程序的用户身份和位置，同时又能保护用户隐私。因为用户的数据始终保存在移动服务运营商一侧，并非 MobilEdgeX 一侧。
- **完全的多租户控制平面**：该控制平面支持通过 Cloudlet 资源管理器提供零接触的边缘云资源供应。该架构可以根据分布式边缘云位置的数量进行大规模扩展，同时允许任意组合运营商计算、存储和网络等资源池以增加能力，与首选 VIM（Virtualization Infrastructure Management）层的类型无关。例如：当德电的边缘云资源池通过 OpenStack 进行虚拟化时，MobilEdgeX Edge-Cloud R1.0 等同于支持其他的符合产业标准的 VIM（VMware 与原生 Kubernetes）。
- **一个全球的边缘云 SaaS（Software as a Service）平台**：该 SaaS 平台支持开发者部署其应用程序容器，并且为运营商提供可视化界面以查看应用程序的交付性能。

2019 年 6 月，MobilEdgeX 对外宣称开源并启用其 Edge Experience 项目。该项目的目标是简化应用开发者和设备制造者在全球边缘网络中集成与测试的操作，促进集成与测试的革新。Edge Experience 项目对外提供 API、SDK、文档和无缝的开发者控制台以使边缘连接与公网连接一样简单。

最后总结一下 MobilEdgeX 边缘云的优势：

- 解决了与移动网、资源有机结合的问题：DME 与运营商的移动网络集成，用户的身份与位置信息是利用运营商蜂窝网络确定和验证的，该项目用户信息的可信度是目前云计算无法比拟的，这为其他功能奠定了基础。

- 解决了应用优化放置（移动）的问题：第三方开发者可以直接部署应用程序到移动运营商的私有边缘基础设施层上，整个过程无须人工参与，即可动态分配工作负载到尽可能接近应用程序最终用户的位置，这解决了应用程序移动性问题。

8.5 KubeEdge 项目

在 KubeCon 2018 大会上，华为云发布开源智能边缘框架 KubeEdge。KubeCon 2018 是 CNCF 首次在中国举办的大型 Kubernetes 技术大会，根据 CNCF 于 2018 年 8 月发布的全球市场半年度调查（北美 40%、欧洲 36%、亚洲 16%），截至 2018 年 7 月，在生产环境中使用容器的受访者达到了 73%；在 POC、测试和开发环境中使用容器的受访者分别达到了 89%、85% 和 86%；而采用 Kubernetes 作为容器管理平台的受访者达到了 83%，远超过第二位的 Amazon ECS（24%）以及第三位的 Docker SwARM（21%）。

KubeEdge 是华为开源的用来打通云与边的一套解决方案。它可将 Kubernetes 容器编排和管理扩展到边缘端设备。它基于 Kubernetes 构建，为网络和应用程序提供核心基础架构支持，并在云端和边缘端部署应用，同步元数据。KubeEdge 还支持 MQTT 协议，允许开发人员编写客户逻辑，并在边缘端启用设备通信的资源约束。KubeEdge 架构如图 8-7 所示。

KubeEdge 分为云端（Cloud）和边缘端（Edge），其核心部件如下。

1）云端组件：

- CloudHub：CloudHub 是一个 Web Socket 服务端，负责监听云端的变化，缓存并发送消息到 EdgeHub。
- EdgeController：EdgeController 是一个扩展的 Kubernetes 控制器，负责管理边缘节点和 Pods 的元数据确保数据能够传递到指定的边缘节点。

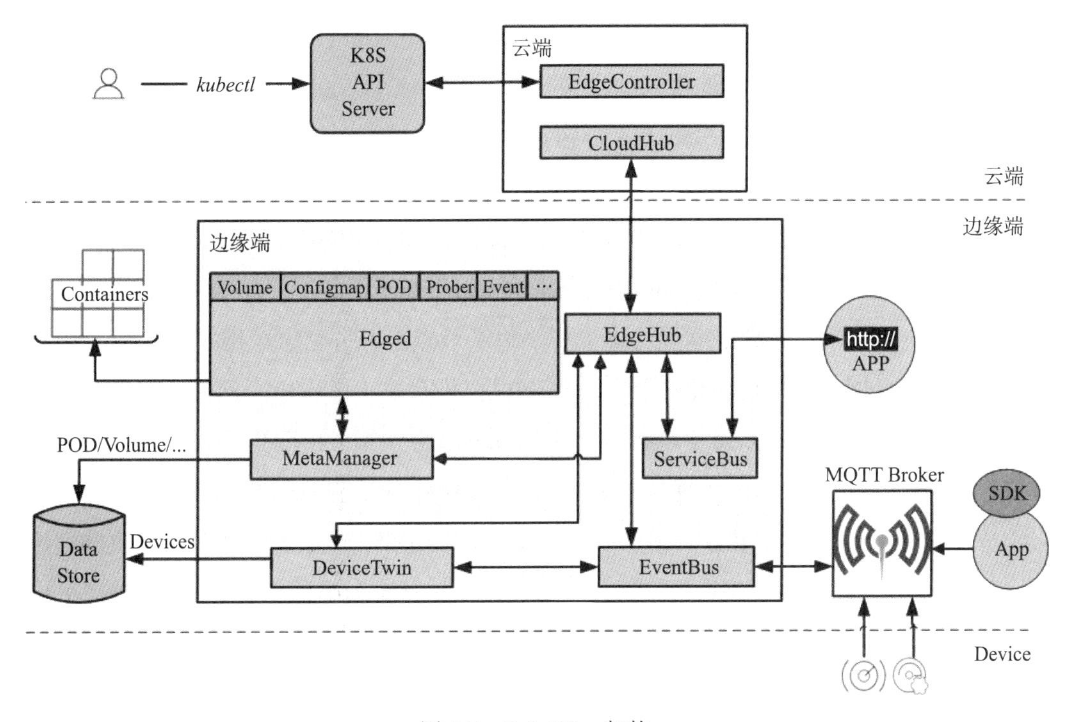

图 8-7 KubeEdge 架构

2）边缘端组件：

- Edged：Edged 是运行在边缘节点的代理，用于管理容器化的应用程序。
- EdgeHub：EdgeHub 是一个 Web Socket 客户端，负责与边缘计算的云服务（例如 KubeEdge 架构图中的 Edge Controller）交互，包括同步云端资源更新、将边缘主机和设备状态变化报告到云端等功能。
- MetaManager：MetaManager 是消息处理器，位于 Edged 和 Edgehub 之间，它负责向轻量级数据库（SQLite）存储或检索元数据。
- EventBus：EventBus 是一个与 MQTT 服务器（mosquitto）交互的 MQTT 客户端，为其他组件提供订阅和发布功能。KubeBus 的第一个功能是连接边缘虚拟私有网络中的边缘节点。在一个典型的边缘环境中，不同的边缘节点运行在不同的私有网络中，没有公共 IP 地址，只能通过 NAT 连接到云端，两个边缘节点之间没有直接的网络连接。两个边缘节点的通信需要通过 KubeBus@Cloud 进行路由。

KubeBus 是 3 层的覆盖网络。KubeBus 通过 TCP 连接实现 OSI 网络模型的 L2 和 L3。KubeBus 数据链路层在边缘节点和 KubeBus@Cloud 之间创建一个或多个长期运行的 TCP 连接。KubeBus 还包括一个 TUN 接口，它接受来自操作系统内核的 IP 包。IP 包通过 L3 和 L2 传递到 KubeBus@Cloud，然后 KubeBus@Cloud 通过长期运行的 TCP 连接路由到目标边缘节点。KubeBus 的第二个功能是使边缘服务运行在一个逻辑相同的网络中。在 KubeEdge 环境中，有 3 个子网络。同属于一个租户的所有边缘节点属于一个边缘节点子网，这个子网是 KubeBus 创建的 VPN 网络；在虚拟机集群中，所有虚拟机都属于虚拟机子网；虚拟机集群中运行的所有容器都属于容器子网。KubeBus 将这 3 个子网作为单个 VPN 连接。KubeBus 虚拟路由器代理包含 KubeBus 网络协议栈，其在边缘节点子网和 VM 子网下充当路由器。由于 VM 子网可以访问容器子网，当在每个虚拟机节点和边缘节点中配置正确的路由时，边缘节点子网最终连接到容器子网（注意：对于具有地址过滤策略的集群，需要额外覆盖）。

- DeviceTwin：DeviceTwin 负责存储设备状态并将设备状态同步到云，它还为应用程序提供查询接口。

KubeEdge 的关键特性和对开发者的价值如下：

- 打通边缘计算，通过在边缘端运行业务逻辑，可以在本地保护和处理大量数据。KubeEdge 降低了边和云之间的带宽要求，加快了响应速度，并可保护客户数据隐私。
- 简化开发，开发人员可以编写常规的基于 HTTP 或 MQTT 的应用程序，还可将应用程序容器化并在边缘或云端任何地方运行。
- 使 KubeEdge 用户可以在边缘节点上编排应用、管理设备并监控应用程序或设备状态，就如同在云端操作 Kubernetes 集群一样。
- Kubernetes 提供的设备插件（device plugin）框架，旨在通过 Kubelet 管理“绑定”在节点上的硬件（加速器），如 GPU、FPGAs、InfiniBand 等，为 POD 中的容器应用提供更强的计算和网络性能。
- KubeEdge 的设备管理关注的是与边缘通信的外部设备，如蓝牙终端、智能传感器、工业设备等。KubeEdge 对设备管理的实现采用的是 Kubernetes 官方推荐的 Operator 方式，并实现了设备孪生（Device Twin）。Operator 方式的核心是 Device CRD 和 Device Controller，其中 Device CRD 用来描述设备的状态等元数据，Device Controller 运行在云上，负责在云和边缘之间同步设备状态（包括设备实际状态和用户设定的期望状态）。

- Device Controller 会把用户设定的设备孪生期望状态和配置下发到边缘，边缘组件要接收并处理这些信息。为了避免 Edge_Core 处理边缘设备通信的代码，同时保持整个项目良好的易定制性，KubeEdge 设计了一个边缘设备驱动统一管理引擎 MApper。
- MApper 之于 KubeEdge 的作用如同 CRI（Container Runtime Interface，容器运行时接口）之于 Kubernetes，只是 CRI 作为 Kubernetes 定义的容器接口与底层容器引擎打交道，而 MApper 作为一个开放接口方便不同的设备协议接入 KubeEdge 这个边缘计算平台。
- KubeEdge v1.0 中内置支持的设备协议是蓝牙，后续版本将逐步增加对 OPC-UA 和 Modbus 的支持。有了 MApper 的解耦层，用户可以方便地根据实际需要开发自己的 MApper 来实现与特定设备的通信，同时社区也欢迎广大开发者贡献更多的协议实现。

8.6　StarlingX 项目

StarlingX 项目是基于 WindRiver 的产品 Titanium Cloud R5 版本修改而来的。2018 年 5 月，Intel 和风河宣布将其电信云、边缘云的商业产品 Titanium Cloud 中的部分组件开源，并将其命名为 StarlingX，提交给 OpenStack Foundation 管理。目前为止 StarlingX 共发布 3 个大版本，当前最新的是 3.0 版本。3.0 版本在 Intel 硬件的兼容性和容器的支持上进行了重点增强。

StarlingX 使用多个 OpenStack 服务来提供核心的计算、存储和网络功能。它基于英特尔和风河贡献的种子代码，将自己的组件与 OpenStack、Ceph 和 OVS 等领先的开源项目结合在一起，组成一套完整的软件方案。它大多基于 OpenStack 架构而来，并向上层提供一系列虚拟网络化功能（Virtual Network Functions），以方便上层的编排器来调用 IaaS 层的资源，而底层则是使用目前云计算平台的最佳实践，即控制服务、计算服务（kvm）、网络服务（ovs）、存储服务（Ceph）来完成。

另外，StarlingX 除了拥有 OpenStack 组件外，还增加了很多中间件，如 Software Management Service、Fault Management Service、Host Management Service 等，提供了更多的底层 API，比 OpenStack 支持的功能点更多。

StarlingX 基于容器化部署，把 OpenStack 部署在 Kubernetes 之上，其也会整合 Kubernetes 等。StarlingX 的发展方向：OpenStack 容器化、部署在 Kubernetes 集群上、基于 OpenStack-Helm 管理集群的生命周期。整合 Kubernetes，包括 Docker Runtime、Calico CNI plugin、CEPH 作为持久存储后端，HELM 作为包管理、本地 Docker 镜像仓库。支持其他容器化的边缘应用部署。

StarlingX 整体架构如图 8-9 所示，其中主要包含以下 5 大功能（这 5 大功能是在 OpenStack 基础上新增的功能）：

- Configuration Management：配置管理功能在边缘云基础设施架构中变得非常重要，特别是在管理大量远端节点的时候，因为有些远处的节点不太方便直接对其进行配置。因此借助 Configuration Management 功能，可以方便地对远端的物理服务器进行配置管理，配置管理对象包括 CPU、GPU、内存、Huge pages、crypto/compression PCIE 配置等。
- Fault Management：这个功能是可以统计报警和查看日志的，其中包含中心云和边缘云的物理资源和虚拟资源，这些信息都可以在 Horizon 上查看。其监控的范围比 OpenStack 更广。
- Host Management：这个功能可以检查虚拟主机的状态，并在主机关机的情况下尝试自动重启，并根据集群状态、关键进程、资源阈值、物理主机故障等来使用不同的调度策略对虚拟机进行重启。
- Service Management：该功能提供了服务的高可用性，其使用了多路通道来避免通信的断开和服务的脑裂问题。StarlingX 基于本身服务 active/passive 状态的切换来保障服务的高可用，并对服务的状态进行监控。

- Software Management：该功能可以实现从 kernel 到 OpenStack 服务的全栈软件包滚动升级，比如在物理服务器关机的情况下要实现对虚拟机的热迁移时，该功能在 StarlingX 中仅需要在 Horizon 界面上进行操作，热迁移就可以自动把需要更新软件包的主机上的虚拟机或者容器事先迁移到可用的主机，并在更新完成之后，自动将资源分配到更新完成的主机上。该功能提供了对升级时虚拟机关机问题的生命周期管理机制。

StarlingX 整体架构如图 8-8 所示。StarlingX 基于 OpenStack 组件进行功能增强，并提供了上述 5 个核心功能。

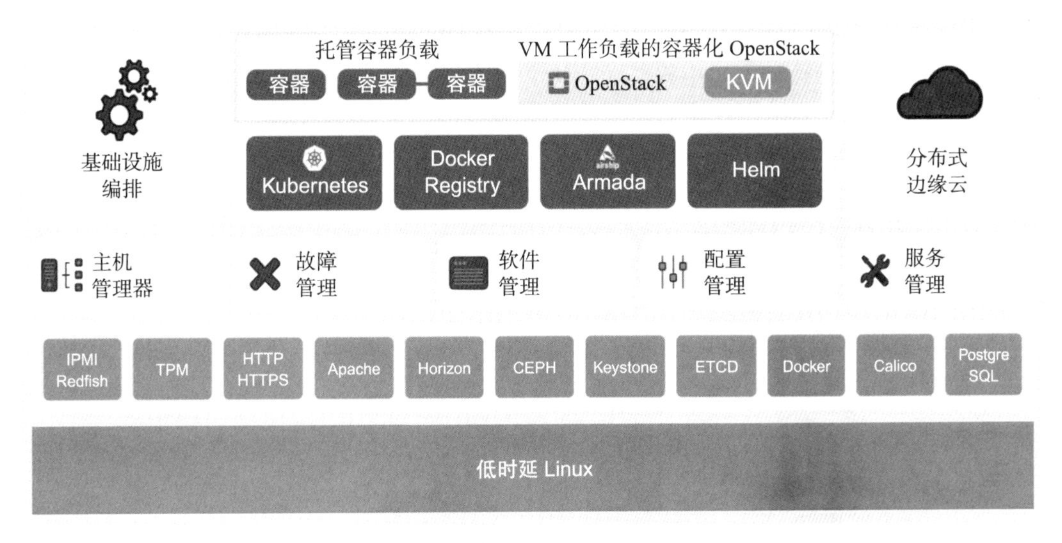

图 8-8　StarlingX 架构图

StarlingX 的上述功能可以赋能 OSS 和 BSS，提供更全功能的基础设施架构。OSS（Operation support system）为运营支撑系统，BSS（Business support system）为商务支撑系统。BSS 包括客户关系管理、数据采集、计费账务、综合结算、营销支撑几个功能模块。

在计算节点上，StarlingX 对底层的 KVM 进行了优化，在网络部分引进了 SR-IOV、

OVS-DPDK、Intel网络加速方案，使得计算节点的能力有了质的提高。如果说上述几个功能提升了鲁棒性和高可用性，对底层组件的优化则是提升了整体边缘云的性能。存储节点集成了业界优秀的分布式存储方案Ceph，并提供了多种存储解决方案，可以通过分布式、集中式和商务SAN存储的融合，来保障运营商级别的存储高可用。

8.7 Airship项目

Airship是OpenStack基金会下的一个开放式基础设施项目，这个项目建立在2017年推出的OpenStack-Helm基础上。它是由AT&T发起的项目。Airship是一组用于自动化云配置和管理的开源工具。Airship提供了一个声明性框架，用于定义和管理开放式基础架构工具和底层硬件的生命周期。这些工具包括用于虚拟机的OpenStack、用于容器编排的Kubernetes和用于裸机的MaaS，并计划支持OpenStack Ironic。Airship是一种管理工具，可以用于管理数据中心中繁杂的裸机、IaaS、PaaS平台。

Airship的主要优势包含4大方面：

- **声明式配置**：Airship使用YAML声明，包括网络配置、裸机主机及软件，如helm chart、Docker image等，通过Airship来进行YAML信息管理即可。
- **生命周期管理**：Airship既可以处理初始部署，也可以处理基础设施管理平台的后期更新。
- **面向容器**：容器是Airship的软件交付单位，方便对基础设施管理平台的部署、开发，测试。
- **适用于不同的架构**：Airship正在提供各种规模的环境配置。可以使用Airship来管理整个基础设施架构，而不仅仅是OpenStack。

Airship最新版本是Airship 2.0，Airship 2.0以控制面为切入点，基于CNCF的成熟组件进行重构。其增强的主要功能组件如下：

- 命令行工具Airshipctl；

- 用于裸机资源调配的 Metal3-IO；
- 用于 Kubernetes 引导和 LCM（生命周期管理）的集群 API；
- 用于工作流的 Argo；
- 用于文档分层、替换的 Kustomize。

Airship 的主要部件和功能如下：

1）Pegleg：一个文档聚合器，Deckhand 是 Airship 中的文档管理微服务。

2）Shipyard：用于 Kubernetes 和 OpenStack 生命周期管理的控制器。Shipyard 为控制平面提供 Entrypoint，包括站点设计和操作。从名称上也可以看出来，Airship 是“飞船”，Shipyard 是“造船厂”，Shipyard 为 Airship 提供分类后的数据。Shipyard 的主要功能如下。

- **站点设计：**作为 Airship 入口，将裸机主机节点的配置、网络设计、操作系统、Kubernetes 节点、ARMada manifests、Helm 图表以及定义一组服务器构建的任何其他描述符通过 Shipyard 放入 Airship。密码和证书使用相同的机制。密码和证书存储在 Airship 的 Deckhand 中，Airship 提供版本历史记录和安全存储功能。
- **操作：**通过调用 Shipyard 中的操作完成与站点控制平面的交互。每个操作都由使用 Apache Airflow 运行的有向无环图（DAG）实现的工作流支持。Shipyard 提供了 mechanism 来监视和控制 workflow。

总结一下，Shipyard 就是把各类配置通过各个接口收集起来，并提供给 Airship 的其他组件，同时将各类需要经过 Shipyard 的 Workflow（别名 Airflow）监控起来。

3）DryDock：DryDock 将基于 YAML 的声明性的拓扑（从 Shipyard 传过来的）转换为可用于构建企业 Kubernetes 集群的配置信息。相比 Shipyard，Drydock 更像是具体干活的，其可以做如下工作。

- 在 PXE 中引导新服务器的初始 IPMI 配置；
- 支持 Canonical MAAS 配置；
- 配置复杂网络拓扑，包括绑定、标记 VLAN 和静态路由；

❑ 支持基于 Keystone 的身份验证和授权。

4）Deckhand：一种通过一系列配置语言来提供存储功能的服务，其构建时考虑了可审计性和认证。利用现有的 OpenStack API（即 Barbican）可靠、安全地进行数据存储。

5）ARMada：一个管理多个具有依赖关系的 Helm 图表的工具，它在单个 ARMada YAML 中集中所有配置并为所有 Helm 版本提供生命周期管理支持。

6）Kubernetes：一个开源系统，用于跨多个主机管理容器化应用程序，为应用程序的部署、维护和扩展提供基本机制。

7）Promenade：一个用于部署 Kubernetes 集群并管理其生命周期的工具。Promenade 可针对节点故障和完整群集重新启动，也就是可提供群集恢复功能。

8）Helm：Kubernetes 的包管理工具。可以使用 Helm 图表定义、安装和升级 Kubernetes 应用程序。图表用于描述 Kubernetes 资源。Helm 将每个图表的部署进行封装。我们能够通过 Kubernetes 资源模板化，即通过 Helm 提供标准接口，来控制 Kubernetes 的安装和应用生命周期管理。

9）OpenStack-Helm：提供了一个框架，实现松散耦合的 OpenStack 服务及其依赖项的部署、维护和升级。OpenStack-Helm 本质上是 Kubernetes、Helm 和 OpenStack 的结合，旨在为每个 OpenStack 服务创建 Helm 图表。这些 Helm 图表为 OpenStack 服务提供完整的生命周期管理。

10）Divingbell：一种轻量级解决方案，可实现一些有针对性的用例的裸机配置管理，实现裸机的安装包管理。

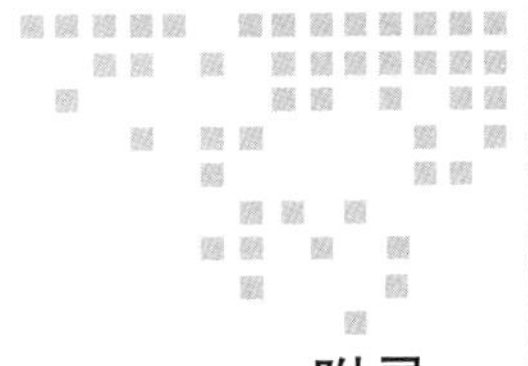

附录 Appendix

边缘计算术语表

对于边缘计算，参与的厂商非常多，每个厂商都有自己的命名方法或字典，导致缺乏统一和标准化的术语。为了改善这种情况，2018 年 LF Edge 引入了 Open Glossary 项目，它是一种组织共享的、与供应商无关的词汇工具，以统一边缘计算相关术语和词汇。作为第一份年度“边缘状态”报告的一部分，Open Glossary 已成为 LF Edge 下的一个开源项目。

Linux 基金会下 Networking、Edge 和 IoT 项目的总经理 Arpit Joshipura 表示：“边缘计算的开放术语体现了社区驱动的过程，以记录和完善边缘计算语言。”

作为 LF Edge 的一部分，Open Glossary 利用多元化的社区来开发和改进共享词典，并提供一种与组织和供应商无关的平台，以增进对边缘计算和下一代互联网生态系统的共识。

为了鼓励厂商使用，Open Glossary 是在遵循知识共享许可协议和相同共享方式（Creative Commons Attribution-ShareAlike 4.0 International license）下提出的。该项目的代码贡献者已获得 Apache 许可证 2.0 版的许可。项目的任务和范围如下：

- 该项目的任务是建立与边缘计算有关的术语表和与之相关的代码。
- 该项目的范围包括：根据开放许可开发开放式词汇表，以及相关的代码；提供任何有助于开发、部署、运营或使用项目的文档。

Open Glossary 发布的首批边缘计算术语如下：

- **接入边缘层（Access Edge Layer）**：距离终端用户或设备最近的基础设施边缘层，接入最后一公里网络只需零跳或一跳，例如部署在蜂窝网络站点的边缘数据中心、部署在宽带接入站点的边缘数据中心。
- **接入网络（Access Network）**：将用户和设备连接到本地服务提供商的网络，与服务提供商的核心网络形成对比，接入网络通常更靠近边缘基础设施。
- **汇聚边缘层（Aggregation Edge Layer）**：汇聚边缘层距离接入边缘层只需一跳，可以作为区域的中型数据中心，也可以由多个互连的微型数据中心形成，从而比单独接入边缘具有更高的协作性、工作负载故障转移性和可伸缩性。
- **基站（Base Station）**：RAN 中的网元，负责在一个或多个小区中向用户设备发送或从用户设备接收无线电信号。基站可以具有集成天线，也可以通过馈线连接到天线阵列，使用专用的数字信号处理硬件和网络功能硬件。
- **基带单元（BBU）**：基站的一个组件，负责基带无线电信号处理，使用专用的硬件进行数字信号处理。
- **中心局（CO）**：历史上作为电话公司放置交换设备的机房，是一定区域内的电信基础设备的聚集点。机房在物理设计上用于容纳电信基础设施，如果机房的物理设计满足边缘计算标准，则可以作为边缘计算机房。
- **中心机房重新设计数据中心（CORD）**：在 CO 中要部署数据中心级计算和数据存储功能的计划，通常 CO 在物理设计上不适合容纳计算、数据存储和网络资源，需要进行针对性改造。
- **集中式数据中心**：大型或超大型物理结构和逻辑实体，其中包含大量的计算、数据存储和网络资源，这些资源通常提供给许多租户并发使用。
- **云计算**：对计算资源共享池按需访问的系统，包括网络、存储和计算服务，通常使用少量的大型集中数据中心和区域数据中心。

- **云原生网络功能（CNF）：**使用云原生技术构建和部署虚拟化网络的功能（VNF），包括容器、服务网格、微服务和允许公开部署的声明性 API。
- **云节点：**作为云计算基础设施的一部分来运行的计算节点，如单个服务器或其他计算资源，通常驻留在集中的数据中心内。
- **云服务提供商（CSP）：**通常指集中数据中心和区域数据中心组成的大型云资源组织，对外提供公有云服务，也可以称为云服务运营商（CSO）。
- **计算卸载：**将任务从当前边缘设备释放到其他基础设施边缘进行远程处理，或者工作负载从集中数据中心释放到边缘数据中心进行处理。
- **内容分发网络（CDN）：**一种分布在网络中的分布式内容分发系统，在靠近用户的位置上放置流媒体视频等热点内容，与传统的集中式数据中心相比，其分发效率和准确性更高。
- **核心网：**服务提供商网络中的一层，将接入网络和与之相连的设备连接到其他网络运营商和互联网服务提供商的网络。
- **用户驻地设备（CPE）：**本地设备，如有线网络调制解调器，允许用户通过网络服务连接到服务提供商的接入网络。
- **数据中心：**一个专门设计的结构，用于容纳多个高性能的计算和数据存储节点。因为在一个位置上有大量的计算、数据存储和网络资源，所以通常需要专用的机架、外壳系统、地板，以及适当的加热、冷却、通风、安全等设备，还需要火灾抑制和电力输送系统。
- **数据重量：**指数据移动到网络或者数据中所需要的成本，随着数据量和网络端点之间距离的增加，成本和难度都会增加。
- **数据注入：**为存储和后续处理提供大量数据的过程。例如，一个边缘数据中心存储了视频监控网络中大量视频片段，它必须处理这些视频才能识别出感兴趣的人，这就需要先进行数据注入。
- **数据缩减：**在数据的生产者和最终接收者之间使用中间节点，智能地减少传输的数据量，而不丢失数据的意义。
- **数据主权：**指数据受国家的法律法规和行业的标准约束，如限制数据的流出、处理范围。

- **设备边缘**：最后一公里网络中的设备或用户侧的边缘设备，通常依赖于网关或类似设备来收集和处理来自设备的数据，也可能使用智能手机等用户设备来进行数据计算和存储。
- **边缘云**：位于基础设施边缘的云类能力，包括从用户视角访问弹性分配的计算、数据和网络资源，通常作为集中式公有云或私有云的无缝扩展。由部署在基础设施上的微数据中心构建，有时称为分布式边缘云。
- **设备边缘云**：边缘云概念的延伸，在边缘设备承载云的某些工作负载。通常不提供弹性分配资源功能，但对零延迟工作负载来说是一种最优选择。
- **边缘计算**：将计算能力交付到网络的逻辑边缘上，以提高应用和服务的性能和可靠性，降低运营成本，缩短设备与云资源之间的距离，减少网络跳数。
- **边缘数据中心**：与传统的集中式数据中心相比，可以尽可能靠近网络边缘部署的数据中心。边缘数据中心通常采用自主运营、多租户、分布式、本地弹性和开放标准，边缘通常是指部署这些数据中心的位置，其规模可定义为微型，容量范围为50～150kW +，多个边缘数据中心可以互联以提供容量增强。
- **边缘交换**：在基础设施边缘数据中心发生的互联网流量交换，如果边缘交换机上没有目的地位置，则可以以补充或分层的方式与传统的集中式互联网交换点进行操作。
- **边缘网络Fabric**：基于光纤网络互连的系统，提供基础设施边缘数据中心与区域内潜在的其他本地基础设施之间的连通性。
- **边缘节点**：作为边缘计算基础设施的一部分运行的计算节点，如单个服务器或其他计算资源，通常驻留于在基础设施边缘运行的边缘数据中心。因此，与集中数据中心中的云节点相比，边缘节点在物理上更接近其预订用户。
- **边缘增强应用**：一种能够在集中式数据中心运行的应用，但在边缘计算运行时，通常在时延方面或在功能上具有优势。这些应用会从现有的集中式数据中心中运行转到在边缘计算中运行，无须修改代码或重新编译代码。
- **边缘原生应用**：指应用从开始就是为基础设施边缘数据中心开发的，可以利用基础设施边缘提供大规模的数据注入、数据缩减、实时决策支持等功能，并解决数据主权问题。

- **网关设备**：设备边缘中的一个小类，是最后一公里网络边缘侧设备中的一种，作为其他本地设备的网关，目的是聚合和方便本地设备之间的数据迁移，其中许多设备是由电池提供能源的，故其可以在低功耗状态下长时间运行。
- **互联**：一方网络与另一方网络的连接，也可以指两个数据中心之间或数据中心内的租户之间的连接。
- **抖动**：在一段时间内观察到的网络数据传输时延的变化，以毫秒为单位，等于测量周期内记录的最高时延值减去最低时延值。
- **时延**：在网络数据传输的上下文中，一个单位的数据（通常是一帧或一个数据包）从源设备传送到预定的目的地所花费的时间，以毫秒为单位。
- **时延关键应用**：指时延超过一定阈值后，将无法运行或功能失效的应用程序。
- **时延敏感应用**：对于此类应用来说，时延变化会影响应用体验，但即使时延高于阈值，应用也能发挥基本作用。与时延关键应用不同，超过时延目标通常该类应用也不会运行失败，例如图像处理和批量数据传输。
- **位置感知**：利用 RAN 数据和其他可用数据源，对用户的位置进行高精度判断，以实现将工作负载迁移到新位置并确保最佳应用性能。
- **基于位置的节点选择**：基于节点物理位置来选择最优边缘节点来运行工作负载的方法，目的是提高应用程序的工作负载性能，并减小网络传输时延。
- **微模块数据中心（MMDC）**：采用模块化数据中心概念，规模较小，容量一般为 50 ～ 150kW，微模块数据中心可以与其他数据中心合并，以增加一个区域的可用资源。
- **移动边缘**：基础设施边缘、设备边缘和网络切片功能的组合，目的是支持实时自主车辆控制、自主车辆寻路、车内娱乐等具体移动性应用，这种应用往往结合了高带宽、低时延、无缝可靠性的需求。
- **移动网络运营商（MNO）**：蜂窝网络的运营商，通常负责网络部署和运营所需的物理资产（如 RAN 设备和网络站点）。MNO 负责物理网络资产，可能包括部署在基础设施边缘的边缘数据中心，或者连接在这些资产下的小区站点。
- **移动虚拟网络运营商（MVNO）**：类似于 MNO 的服务提供商，但 MVNO 不拥有或运营自己的蜂窝网络基础设施。MVNO 可以是 MNO 边缘数据中心的租户。

- **模块化数据中心（MDC）**：基于可移植性设计的数据中心。高性能计算、数据存储和网络功能可方便地封装在一个可移动的结构中，其就如同一个集装箱，可以运输到任何需要的地方。这些数据中心可以与现有的数据中心或其他模块化数据中心合并，以增加本地资源。
- **多接入边缘计算（MEC）**：由ETSI定义的开放应用边缘计算框架，支持无线、固定接入等多种接入方式的边缘计算架构。MEC于2014年开始进入正规化阶段，通过标准化的API和编程模型，在无线网络的边缘构建和部署应用程序。MEC允许部署无线感知的视频优化业务，利用缓存和实时转码技术来减少蜂窝网络的拥塞，提高用户体验，最初称为移动边缘计算。ETSI工作组在2016年更名为多接入边缘计算，以确认其将MEC扩展到蜂窝以外的目标。
- NFV（Network Function Virtualization）：通过业界标准的虚拟化和云计算技术，将网络功能从私有硬件设备内部的嵌入式业务迁移到基于标准x86和ARM通用服务器的软件化VNF。
- **网络跳变**：跨网络传输数据的路由或交换的点，通常在一个汇聚设备（如路由器）上，指向该数据的下一个直接目的地。减少用户和应用之间的网络跳数是边缘计算的主要性能目标之一。
- **南北向与东西向**：指在云、边缘、网络、终端设备的层次结构中查看数据的方向。南、北向数据传输指从云或边缘数据中心流入、流出，东、西向数据传输指在同一层次的数据中心之间发生的数据传输。
- OTT：不运营底层网络，而是基于运营商运营的开放互联网提供应用程序或互联网服务。流视频服务商和虚拟运营商是当下常见的OTT服务提供商。
- POP点：网络基础设施中的一个节点，服务提供商允许用户或合作伙伴通过这个节点连接到他们的网络。
- QoE（Quality of Experience）：先进的QoS方法，以提升应用和网络的最终用户体验为目标，对应用和网络性能进行更详细和细致的测量，并根据需要主动测量性能、调整配置或负载均衡的系统。
- **服务质量（QoS）**：衡量网络和数据中心基础设施支撑特定应用程序或特定用户的服务质量。吞吐量、时延和抖动是常用的、关键的QoS度量指标。

- **区域数据中心**：位于集中数据中心和边缘数据中心之间的一个数据中心，与边缘数据中心相比，其距离用户侧物理机更远，但比集中数据中心更接近，如 CDN 网络节点通常部署在区域数据中心。
- **资源约束设备**：一类边缘设备，通常是最后一公里网络边缘侧的设备，通常由电池供电，成本敏感，在省电模式、资源性能有限的情况下会长时间运行。
- **共享基础设施**：由多方使用单个计算、数据存储和网络资源，例如两个组织每个同时使用一半数据中心。
- **流量分流**：将不能高效交付的数据重新路由到目的地（例如 CDN 缓存），如为了避免长途、拥塞或高成本网络，或选择新的低成本或更高效的网络而进行的操作。
- V2I：（Vehice to Infrastructure，车辆到基础设施）的英文缩写，指自动驾驶车辆连接到其基础设施的技术的集合，例如在基础设施边缘数据中心运行的机器视觉和路由查找应用程序。通常使用新的蜂窝通信技术，如 5G 或 WiFi 6 作为其接入网络。
- **虚拟数据中心**：由多个物理边缘数据中心组成的虚拟实体，在虚拟数据中心内，可以根据负载均衡、故障转移或运营商偏好，智能地将工作负载置于特定的边缘数据中心或可用性区域内。边缘数据中心通过低时延的网络工作互联，设计出一个冗余和弹性的边缘计算基础设施。
- VNF（Virtua lized Network Function）：基于通用计算、软件化的网络功能，替代专用物理设备的部分网络功能。
- **工作负载编排**：一种智能系统，动态确定在计算范围内处理应用程序所需的工作负载的最佳位置、时间和优先级。
- xHaul：两个或两个以上网络或数据中心基础设施的高速互联，例如回传和前传。

推荐阅读

雾计算与边缘计算：原理及范式

作者：Rajkumar Buyya,Satish Narayana Srirama ISBN：978-7-111-64410-1 定价：119.00元

本书对驱动雾计算和边缘计算的前沿应用程序和架构进行了全面概述，同时重点介绍了潜在的研究方向和新兴技术。

本书适时探讨了可扩展架构开发、从封闭系统转变为开放系统以及数据感知引起的道德问题等主题，以应对雾计算和边缘计算带来的挑战和机遇。书中由资深物联网专家撰写的章节讨论了联合边缘资源、中间件设计、数据管理和预测分析、智能交通以及监控应用等主题。本书能够帮助读者全面了解雾计算和边缘计算的核心基础、应用及问题。